Mauro Roncaglia

In che modo Dio creò

l'UNIVERSO ?

Prefazione

Quante volte ci siamo chiesti, se Dio esiste, quando e come ha creato l'universo?

La cosmologia ci riporta indietro fino al momento che è succeduto di 10^{-43} secondi alla creazione, prima della grande espansione avvenuta dopo 10^{-35} secondi.
Dunque in quel momento esisteva già qualcosa. Cosa?
Una proto particella invisibile a qualunque microscopio del diametro
di 10^{-33} centimetri, ma con una massa pari a quella dell'Universo attuale composta da circa 100 miliardi di galassie contenenti ciascuna una media di 100 miliardi di stelle.

Questa particella raggiunse una temperatura pressoché infinita, che poi andò ad abbassarsi nel momento del Big Bang fino a 10^{32} gradi centigradi. Dunque, prima dell'esistenza di questo protile, nell'Universo fisico non doveva esistere nulla.
Si, ma come è nata questa particella iniziale?
Le ultime teorie cosmologiche ci dicono che dovrebbe essere nata da un'increspatura della forza gravitazionale. Allora la logica ci dice che questa forza era preesistente rispetto al protile.
Bene, ed ancora una volta la domanda è sempre la stessa: "Da dove veniva questa forza?"
A questa domanda non esiste una risposta, in quanto noi sappiamo solo che dopo il Big Bang è andata raffreddandosi e si è divisa in più forze; le quattro forze che attualmente esistono nell'Universo: la forza gravitazionale, la forza nucleare forte, la forza nucleare debole e quella elettromagnetica.
Per dare una risposta a questa ultima domanda, bisogna porci un'altra domanda: "E se la gravitazionale non fosse una forza?"

L'emanazione di Dio

Se la forza gravitazionale non fosse una forza, allora non ci resterebbe altro che chiamarla "Emanazione", si "Emanazione di Dio".
Sarebbe come dire che il mezzo usato dal Padre Eterno per creare l'Universo fisico, è stata la gravità primordiale; la sua emanazione creativa.
Altra domanda: "E da dove proveniva questa emanazione?"
Noi sappiamo che l'Universo fisico ha circa 14 miliardi di anni, ma il credente dichiara che Dio è sempre esistito, dunque Dio, esisteva prima dell'Universo da Lui creato. Esisteva in una dimensione senza tempo e senza spazio, la dimensione dello Spirito!
E' stato Dio stesso a creare i puri spiriti immortali, che solo Lui può decidere di eliminare, ma per fare questo avrebbe dovuto prima diventare Padre e, per guadagnarsi questo appellativo doveva generare il Figlio e lo Spirito Santo. Perché ho usato il termine generare?
Generare come recita il nostro "Credo" cristiano, Cristo e lo Spirito Santo sono stati generati, non creati, della stessa sostanza del Padre.
Dio per rimanere Onnipotente dovette per forza essere uscito da se stesso generare il Figlio,

rientrare in se stesso uscire di nuovo, generare lo Spirito Santo e rientrare nuovamente. Questo è quanto recita anche la "Teosofia".
Dunque Dio è divenuto Uno e Trino.
Dire quando ciò è avvenuto, è impossibile, perché come già detto il tempo non esisteva, al limite possiamo fare un esempio: come noi possiamo credere di essere stati biologicamente nel nostro padre prima che lui ci concepisse con nostra madre, così possiamo sostenere che il Figlio e lo Spirito Santo, sono sempre esistiti nel loro Padre prima di essere generati. Dopo questa operazione, la Trinità creò i grandi angeli o Arcangeli, e con gli Arcangeli creò gli Angeli.
Così l'Universo spirituale, era completato. Ma nella mente della trinità, e nella mente onnisciente di Dio già esisteva il progetto di creare un universo fisico e poi di abitarlo con esseri viventi, dunque tutti gli spiriti crearono tanti spiriti minori che sarebbero andati ad abitare i corpi fisici dell'Universo fisico/materiale.
In questo modo nascemmo noi, spiritualmente, tutti insieme, prima della nascita dell'universo fisico.
Dunque Dio creò prima gli spiriti, e successivamente i corpi.

La grande battaglia fra il bene ed il male

Quando la Trinità creò i puri spiriti, li fece immortali, ma non perfetti, dunque avrebbero potuto sbagliare, e traditi dalle emozioni, peccare.
Fra tutti gli arcangeli, il più luminoso e piacevole alla vista, era Lucifero.
Questi era abituato a passare il suo tempo ad ammirare la potenza del suo creatore.
Fu proprio in uno di quei momenti che Lucifero si chiese se mai fosse possibile diventare onnipotente come il Padre.
Agli angeli venne dato il potere della pluri bilocazione, potevano sdoppiarsi in più esemplari ed essere in tanti luoghi diversi nello stesso momento.
Un altro dono che la Trinità fece a loro fu quella di leggere nel pensiero.
Fu proprio grazie a questo dono che un arcangelo si accorse dei pensieri che stavano balenando nella mente di Lucifero.

Il dibattito tra Michele e Lucifero

Gli si avvicinò e gli chiese: "Chi come Dio?". Tutti gli angeli si avvicinarono ai due e decisero di chiamare quell'angelo Mikael (Michele) che significa appunto "Chi come Dio?", poi stettero ad ascoltare quello che i due si dicevano.
Fu Lucifero ad iniziare la discussione dicendo: "Se Dio non ci ha fatti onnipotenti, come lui; significa che in qualunque momento può ridurci succubi al suo volere e sottometterci."
Michele gli rispose: "Dio ti ha fatto libero. E' per questo che ti permette di avere
dei dubbi sul suo operato e di opporti alle decisioni da lui prese." Lucifero replicò: "Non sarò mai libero fino a quando non avrò il suo potere, ma con l'aiuto degli angeli che mi seguiranno, diverrò come lui."
Lucifero si era nel frattempo accorto che alcuni angeli che stavano seguendo la discussione mormoravano tra loro ed alcuni di loro sostenevano la sua tesi.
Michele allora alzò la voce dicendo: "Scagliandoti contro di lui, diminuirai il tuo potere energetico. Solo restando fedele a lui e con l'aiuto dello Spirito Santo, lo capirai e vivrai per sempre con lui con il potere che ti conferirà."

La risposta di Lucifero non si fece attendere: "Il potere mio è quello che lui mi ha dato, con lui dovrò dividerlo, e non sarà mai un potere infinito!"
Michele cercò di farlo ragionare: "Da quanto abbiamo intuito, la volontà di Dio è quella di creare un universo inferiore a quello attuale, spirituale, e poi di abitarlo incarnando in corpi fisici gli spiriti inferiori che Lui ha creato. Tu proteggendoli ti sentirai come Dio."
Allora Lucifero predisse la tentazione che in futuro avrebbe orchestrato ai danni degli umani: "Gli spiriti nuovi, una volta incarnati, saranno dalla mia parte, mi adoreranno come voi fate nei confronti dell'onnipotente dandomi così una potenza illimitata che mi permetterà dii distruggervi e di sostituirmi al Padre!"
Michele comprendendo il piano che Lucifero stava pregustando ribatté: "Chiedendo agli spiriti inferiori l'aiuto e l'appoggio per aumentare la tua potenza, dimostri la tua imperfezione ed i tuoi limiti. Sappi che Dio non può migliorare se stesso perché è infinito nella sua potenza. Dio per generare Il Figlio e lo Spirito Santo non chiese aiuto a nessuno. Continuando con questa tua ossessione di divenire come lui, rischi di restare fuori dalla creazione dell'universo fisico. Dopo aver concluso questa creazione, noi torneremo

nell'universo spirituale per custodire queste dimensioni e il Figlio di Dio preparerà una casa per gli spiriti che avranno ultimato la loro vita nell'universo fisico."

Tutte queste frasi, Michele le disse perché illuminato dallo Spirito Santo che naturalmente seguiva la diatriba fra i due.

Allora Lucifero sghignazzando urlò: "Anch'io avrò la mia dimora e la chiamerò inferno. Qui ospiterò gli spiriti che mi avranno seguito durante la loro vita nel piano fisico. Sarà una dimora allucinante, le loro sofferenze indicibili e la loro pena sarà eterna."

Michele vedendo che gli angeli si stavano intristendo e soffrivano ascoltando le dichiarazioni di Lucifero rassicurò tutti dicendo: "Dio non permetterà questo orribile delitto, e perdonerà i loro peccati ed il loro comportamento durante la loro vita nel corpo fisico, basterà chiedere scusa a Dio."

Lucifero ormai fuori di senno, non retrocedette dalla sua tesi: "L'odio verso Dio che io inculcherò negli esseri fisici, sarà così grande che preferiranno le pene dell'inferno piuttosto che chiedere scusa al Padre!"

Poi Lucifero continuò pieno di arroganza: "Io darò a questi esseri la possibilità di avere potere, gloria

e ricchezze, disprezzando i sacrifici che voi proporrete a loro per raggiungere la pace eterna. Naturalmente sarà un inganno, perché alla fine della loro vita, dovranno restituirmi tutto ciò che a loro ho concesso."
Michele allora sentenziò: "La tua arroganza ed il tuo odio ti stanno cambiando da essere di luce in un mostro.

Lucifero diventa Satana

Poi Michele con voce ferma sentenziò: "Da ora tutti ti chiameranno Sataniel (Satana) che significa nemico di Dio."
L'angelo maligno chiese allora: "Chi ti ha svelato il futuro?
E' stato lo Spirito Santo ad illuminarti? Adesso voglio farti una proposta: se lo vorrai potrai seguirmi, ti farò mio luogotenente dandoti pieni poteri nell'inferno che sto per creare."
Ma Michele non abboccò e rispose con fermezza: "Alla tua arroganza e presunzione aggiungi ora le lusinghe? Miserabile, guarda che figura orribile stai divenendo!"

Interviene il Figlio di Dio

Una voce infinitamente potente venne percepita da tutti gli angeli, essa diceva: "Mio Padre ha dato a me e allo Spirito Santo il potere di sapere il momento della fine prima che sia creato l'inizio. Ma nessun altro lo saprà, nemmeno voi esseri di puro spirito e nemmeno le creature che verranno ad abitare l'universo fisico. Non lo sapranno nemmeno da me qualora io andrò a loro."

Si preparano le schiere del bene e del male

Allora Lucifero divenuto Satana chiamò a se Asmodeo, che significa il vendicatore e che aveva seguito Lucifero/Satana ed era divenuto da arcangelo, un arcidiavolo e, gli disse: "Oh grande Re di lascive tentazioni, mostra a Michele le morbosità che gli esseri che popoleranno l'universo fisico approveranno dopo le tue tentazioni."
Gli angeli del bene, arrossirono e tremarono davanti a queste visioni.
Allora Michele mormorò: "Queste sono malattie dell'anima per gli spiriti che si incarneranno."

Satana rispose allora soddisfatto: "Chi fa parte della materia, si trova in un corpo debole, e nessuno di loro ha la medicina per guarirle.
Questo virus si propagherà all'infinito investendo tutto l'universo fisico." Allora un arcangelo potente, rivestito di candida luce gridò a Satana: " Chi avrà la forza, troverà l'antivirus da solo, e chi sarà debole avrà da me l'antivirus, io sono Raffaele, medicina di Dio."
E poi aggiunse: "Chi si infetterà contro il suo volere, sarà da me guarito, chi si infetterà per suo volere, sarà da me guarito per una sola volta, se sarà consapevole e spargerà il virus, sarà lasciato a te."
Allora Satana chiamò a se Astaroth, un potente duca, e gli disse: "Mostra a loro cosa sai fare."
Astaroth mostrò allora distruzioni immani, orrende persecuzioni, e torture indicibili.
Gli angeli del bene, tremarono e piansero al pensiero che esseri umani si sarebbero macchiati, sotto tentazione, di tali orrende colpe.
Allora una voce venne in soccorso agli angeli piangenti: "Io sono Gabriele, fortezza di Dio, e vi assicuro che difenderò gli oppressi ed i perseguitati e condurrò loro nel regno dei cieli.
Sentendo questo, intervenne il demone Orias un grande marchese che assicurò: "Io confonderò le

menti dei potenti, farò uscire di senno gli scienziati di tutto l'universo fisico, insegnerò loro a costruire armi di distruzione di massa."
Queste armi si materializzarono nelle menti dei presenti e visto che queste avrebbero potuto sconvolgere l'intero universo fisico, fecero subire un grande brivido negli angeli del bene.
Allora entrò in scena un arcangelo splendente quasi come lo era Lucifero prima che peccasse e urlò: " Orias, io sono Metatron principi dei volti, colui che rafforzerà le menti degli scienziati di Dio, spegnerò il fuoco delle diaboliche armi, ristabilirò nei loro confini le loro implosioni, riordinerò le disgregazioni atomiche, trasformerò le armi del male in armi del bene, contro le insidie naturali. L'arma ideata per uccidere servirà per guarire, parola di Metatron."
Il gran duca Bune, demone di Satana, disse allora: "Gli uomini che non crederanno nelle tentazioni dei vivi, saranno tentate dai morti. Io farò parlare i miei sudditi con la voce dei morti ingannandoli.
Gli rispose allora l'arcangelo Uriele: "Io illuminerò le menti dei vivi, consigliandoli di lasciare riposare i morti e chi disturberà i morti saprà il rischio in cui andrà incontro."
Ad Uriele replicò il suo omonimo demone di Satana: "I medium che avranno in loro questo

potere, saranno da me ingannati, visto che io porto il tuo stesso nome."

Uriele arcangelo del bene allora assicurò: "Bene, demone Uriele, per non essere confuso con te, io aggiungo al mio nome quello di Raziele che significa: potenza dell'amore e del sapere."

E così ad ogni demone che presentava la sua tentazione, rispondeva un angelo del bene opponendosi ad esso.

Se il demone Caym minacciava di rendere feroci tutti gli animali, l'angelo Yeialel prometteva di renderli mansueti.

Se Sabaoc prometteva di confondere le umanità presentando loro dei condottieri spacciandoli per degli dei, Kamaele rispondeva che avrebbe ispirato i profeti affinché gli uomini seguissero il vero Dio, quello del principio, che noi abbiamo di fronte.

Satana capì allora che ad ogni sua arma ne veniva opposta un'altra non meno potente. All'arcidiavolo Mammona, che spingeva alla cupidigia rispondeva Gabriele che spingeva alla carità.

Ad Abaddon, lo sterminatore, rispondeva Haniele che presentava l'amore e la pace universale. Alle oscenità e alle perversioni di Belial, rispondeva Binael con la purezza, e la castità.

Satana allora disse al demone Bael di dimostrare lo strapotere dei demoni rispetto agli angeli del bene.

Bael spiegò: "Io comando 66 legioni, i miei 16 arcidiavoli ne comandano 541 cosa potete dunque contro di noi?"

La risposta arrivò direttamente dall'arcangelo Michele: "10 saranno i cori del bene, 9 cori angelici più quello dei santi e dei martiri, 720 le schiere che li compongono di pari forza delle vostre legioni, 70 volte 7 saranno potenziate dagli spiriti buoni che passeranno che dalla materia passeranno all'aldilà è 70 x 7 x 720 che fa 352.800 miriadi. Il numero fisso per misurare il tempo e lo spazio, è 125 che sommato alle vostre 541 legioni fa 666, il numero della perfezione del male con cui Satana vincerebbe la sfida, mancando a voi il 125, non sarete mai padroni dell'universo."

Satana allora giocò la sua ultima carta e urlò al massimo dell'ira: "Dall'universo che sta per essere creato saranno nei primi tempi plasmati degli esseri di immane potenza, gli esseri di luce, a capo di questi esseri saranno posti dei responsabili, gli Sheran, io mi impadronirò di loro e li farò miei condottieri, nemmeno tu Michele potrai avere la meglio su di loro, loro saranno gli dei che soggiogheranno l'umanità dell'universo fisico e si spacceranno per Dio in persona dato la loro superiorità rispetto alle razze a divenire, questo avverrà quando l'universo fisico perderà della sua

energia iniziale e grazie alla loro longevità, saranno reputati immortali. Grazie a loro scatenerò guerre e distruzioni."
Allora una voce di infinita potenza che superò tutte fino a quel momento udite, tuonò nell'universo di spirito.

Parlò allora il Padre, Dio del principio

La voce tonante del Padre, parlò dicendo: "Io sono Dio, mi chiameranno l'alfa e l'omega, il principio e la fine! Io vi dico: qui finisce il tempo del tempo senza tempo.
Da questo istante comincerà un tempo calcolabile col tempo fino alla fine dei tempi.
Da questo istante a te, Lucifero, che sei diventato Satana e ai demoni che ti hanno seguito, io toglierò la possibilità di provare piacere, d'ora in poi non potrete più fare il bene e non troverete soddisfazione facendo il male.
Io creo e solo io posso distruggere chi ho creato, ma non sarò io a distruggere voi, ma bensì sarà la somma del bene espresso dagli esseri fisici che io ho creato ad annientarvi. Il loro peso spirituale vi schiaccerà.

Le vostre tentazioni nei confronti dell'umanità, non faranno altro che prolungare la vostra agonia.

Quando la bilancia che io dono a Michele si capovolgerà dalla parte del piatto che rappresenta il bene, i vostri spiriti cesseranno di esistere ed il bene vivrà per

sempre nella mia gloria eterna. In quanto al responsabile che commetterà soprusi e si spaccerà per me, io manderò mio figlio a riscattare le anime degli esseri ingannati, e nemmeno tu, Satana potrai avere la meglio su di lui usando le tue tentazioni.

Agli angeli che mi hanno seguito, voglio fare un regalo, a presto sublimi spiriti del bene."

Gli angeli del bene, allora risposero in coro nella loro lingua: "Tecel Cat Marit Macha" che significa: Gloria a Dio nell'alto dei cieli, alleluia, alleluia.

Parlò poi lo Spirito Santo di Dio

Lo Spirito Santo disse: "Appena la materia sarà pronta per ricevere gli involucri che ospiteranno gli spiriti nuovi e le loro anime, voi angeli, con l'aiuto del Figlio di Dio e col mio, creerete esseri di "Luce" che potranno mettere e smettere il loro corpo e che potranno andare da un luogo all'altro dell'universo fisico facendo ponte con l' Antimondo che non è un mondo parallelo ma un anello di congiunzione tra i due universi, quello fisico con quello spirituale, una dimensione neutra che sta tra le due realtà.

Non saranno angeli, saranno mortali, ma rappresenteranno il più alto stato di evoluzione dell'universo composto di materia. Questo sistema di viaggiare nel cosmo, impedirà loro di diventare schiavi dell'unilateralità, e di cambiare il loro aspetto e la loro età rispetto a chi non viaggia nel cosmo.

Questi esseri saranno un modello per le popolazioni cheverranno, sia a livello tecnologico che spirituale favorendo l'evoluzione delle generazioni che verranno ad abitare un universo meno energetico rispetto a quello iniziale.

Voi grandi angeli farete da consiglieri degli esseri di luce, che se anche non vedranno di persona Dio potranno seguire così le sue direttive.

Questo è il regalo che il Padre fa a voi e che vi ha promesso come riconoscimento della vostra fedeltà nei suoi confronti."

Gli angeli gli risposero in coro: "Alleluia, alleluia", mentre i demoni, raggruppati in un angolo, tremanti dopo il discorso di Dio, emanavano fetore spirituale, divenendo sempre più mostruosi.

Anche Satana rimaneva lì col capo chino, paonazzo in volto, terrorizzato dalle sentenze di Dio e del suo Spirito Santo. Allora la voce del Figlio, non si fece attendere.

Parla il Figlio di Dio

Egli disse: "quando la prima generazione di stelle sarà passata, ne nascerà una meno energetica, ma più longeva che favorirà la nascita della vita che così continuerà ad evolversi.
Mentre la creazione sarà continua, l'espansione dell'universo rallenterà e i gas che creeranno le stelle saranno sempre meno energetiche ma senza il rischio di collasso delle stelle stesse. Anche gli esseri che nasceranno sui pianeti di queste stelle vivranno su un piano evolutivo più lento e quando in questi esseri umani entrerà la coscienza inizierà in loro la ricerca di Dio. La loro evoluzione spirituale permetterà ad essi di avvicinarsi sempre più al Padre loro proporzionalmente ai loro meriti.
Attenti, quando i grandi angeli e gli esseri di luce, si troveranno in difficoltà nei confronti degli esseri umani divenuti maligni, allora scenderò io stesso in questi luoghi per rimettere ordine spirituale offrendo il mio sacrificio al Padre. Riscatterò così

le umanità deboli e corrotte a causa dei peccati, riconducendo questi esseri negli strati più alti dell'aldilà ed eliminando quello che si può chiamare: Karma chiuso.
Ma l'universo fisico, non durerà per sempre. Arriverà anche per lui la fine. Tutto si racchiuderà su se stesso, al contrario di quanto fatto durante l'espansione, e tutto rientrerà nel tunnel dimensionale.

Inizia la battaglia

Satana preparò lo schieramento ed incitò i suoi demoni al combattimento.
Così si organizzarono: Bael con 66 legioni, Byleth con 80, Balam con 40, Belial con 80, Carabia con 60, Asmodeo con 72, Pursan con 22, Zagan con 30.
Satana formò le gerarchie dividendo i demoni in Marchesi, Duchi, Presidenti, Conti, Re e Principi infernali, mettendo a capo delle legioni e guardiano dell'inferno Belzebul.
Satana si auto nominò Imperatore.
Gli angeli di Dio formarono i loro Cori, Metatron a capo dei Serafini, Raziele dei Cherubini, Binael dei Troni, Hesediele delle Dominazioni, Camaele delle Potestà, Raffaele delle Virtù, Haniele dei

Principati, Michele degli Arcangeli e Gabriele degli angeli.

Mentre Sadalphon, luogotenente di Metatron, fu nominato portavoce degli esseri di luce, Michele fu opposto direttamente a Satana.

Lo scontro fu terribile e non paragonabile per energia a qualunque scontro fra stelle nelle galassie.

Quando il demone Uriele fu rigettato all'inferno con i suoi demoni Raguel, Tubuel, Ineas, Tubuas, Sabaoc e Siniel da parte di Raziele ex Uriele omonimo del demone, fece tremare l'intero universo spirituale.

Naturalmente lo scontro finale fu tra Michele e Satana e come la storia narra, ebbe la megliol'arcangelo Michele.

Satana si ritirò con i suoi demoni nell'inferno attendendo gli spiriti delle anime dannate.

Le pene dell'inferno sono pene singolari, il dannato non vede e non ha contatti con altri spiriti di anime perdute. Vede solo il demone che lo perseguita.

I gironi dell'inferno non sono come quelli immaginati dal sommo Dante, anche se sono divisi a seconda delle atrocità e dei peccati commessi durante le vite da parte dei dannati.

Nella parte più bassa dell'inferno, dimorano Satana e di suoi principi infernali: Belzebul, Asmodeo, Astaroth e Azazel.

Esiste poi il purgatorio, dove albergano anime non dannate, dove gli spiriti di queste anime stanno purgando i loro peccati vedendo gli angeli e la Madonna, ma non Gesù Cristo che li sta aspettando in paradiso.

Anche il paradiso si divide in tre parti, la prima la chiameremo semplicemente "Paradiso", la seconda "Gloria" dove si è promossi dopo qualche tempo di permanenza nel Paradiso, e la terza "Empireo" dove si trovano Santi, Profeti e Martiri, e dove si ha una visione dell'Onnipotente, Dio del Principio.

Alcuni pensano che sia Dio a condannare o a premiare gli spiriti delle anime defunte, invece non è così.

Saranno gli stessi spiriti a decidere dove andare a seconda della loro pura coscienza.

In purgatorio se non si sentiranno degni di salire in paradiso, bisogna aggiungere che nella salita dal purgatorio al paradiso, si attraversano il prato verde ed il prato bianco, nel primo si loda Dio, e si può rimanere per un po' di tempo in contemplazione, nel secondo, il passaggio al paradiso è diretto, come se fosse un ascensore verso il luogo di beatitudine.

Per quanto riguarda l'inferno, anche questo viene scelto per odio nei confronti di Dio e le sue pene vengono preferite piuttosto che chiedere scusa a Dio.

Questi spiriti li potremmo chiamare anime di irriducibili o di impenitenti.

Per quanto riguarda la creazione dell'universo fisico parteciparono tutti i puri spiriti e se vogliamo fare un parallelo con la nostra attuale edilizia potremmo dire che Dio è stato l'architetto che ha pensato la creazione, suo figlio Gesù, è l'ingegnere che ha messo in pratica il pensiero di suo padre, lo Spirito Santo, è il geometra che ha dato indicazioni agli angeli, mentre gli Arcangeli sono stati i capomastri e gli Angeli i muratori.

La prima cosa creata fu il tunnel interdimensionale che avrebbe collegato il nascente universo fisico con quello spirituale.

Chi lo avrebbe attraversato, naturalmente si parla di spiriti nuovi, si incarnerebbe automaticamente nei corpi concepiti sul piano fisico.

Allo stesso modo chi lascia la vita, ripercorre il tunnel a ritroso ritornando all'universo spirituale.

Parimenti a questo saranno create sfere universali adibite agli animali, che potranno di tanto in tanto passare alle sfere umane e ritrovare i loro padroni su richiesta di quest'ultimi.

Ogni sfera conterrà animali della stessa specie, ad esempio ci sarà la sfera degli animali domestici, quella degli uccelli, quella dei pesci e quella degli insetti.
C'è da notare che per quanto riguarda gli insetti, esisterà una sola anima per ogni gruppo, ogni formicaio avrà una sola anima.
Detto questo iniziarono i lavori, il tunnel fu ideato con una luce visibile già dalla partenza e che diventava sempre più fulgida.
Alla fine del tunnel, lo spirito del defunto, incontra a volte un caro parente, o un santo a cui sono stati devoti.
Durante l'attraversamento del tunnel, ai lati, in una specie di nicchie, alcuni demoni invitano gli spiriti ad entrare in queste varianti. Basta non fare caso a queste offerte, e i demoni nulla potranno nei confronti dei defunti.
Pare dalle testimonianze di chi ha visto l'aldilà, e mi riferisco alle veggenti o ai testimoni di morte apparente, i famosi casi di premorte, che chi accettasse le varianti proposte dai demoni, non sprofonderebbero direttamente nella voragine, ma udirebbe solo le urla dei dannati.
Abbiamo parlato di casi di premorte, bene, riprenderemmo l'argomento più avanti specificando quelle che sono le esperienze vissute.

Voglio a questo punto fare una parentesi per specificare che tutti i nomi degli angeli e dei demoni sono stati da me ricavati da trattati di angelologia e i dialoghi di questi li ho dedotti conoscendo i caratteri degli uni e degli altri.

Mi sono basato su indicazioni di veggenti e su esperienze avute da esorcisti durante gli esorcismi, ho cercato di capire i caratteri dei demoni, i loro difetti e le loro debolezze.

Avrete notato che i nomi degli angeli, hanno quasi tutte desinenze in "EL".

In realtà le desinenze dei nomi degli angeli, sono El e IAH.

Usando le prime lettere dell'esodo gli angelologici, hanno ricavato i loro nomi, dando desinenza El a quelli che hanno missioni più maschili e più forti, e IAH a quelli con missioni più delicate e apparentemente femminili, ben sapendo che gli angeli sono esseri asessuati.

Dopo questa parentesi, ritorniamo alla creazione dell'universo fisico.

Come già accennato nella nel primo capitolo, dedicato all'emanazione di Dio, la prima cosa uscita dal tunnel interdimensionale, è stata la gravità, chiamata dai più forza gravitazionale.

In questo modo ebbe inizio il momento "Zero di Dio", da questo istante possiamo calcolare il tempo.

L'increspatura di questa emanazione, creò come detto il tempo, e questo avvenne dopo 10^{-43} secondi pari a 0,00000000000000000000000000000000000000 0001 secondi, fu questo l'inizio della protomateria.

Il Protile

Questa micro proto particella che aveva un diametro come detto, di solo 10^{-33} centimetri, non era uniforme, ma bensì globulare.

La massa del protile era zero, la massa crebbe fino a divenire calcolabile in 10^{78} grammi per centimetro cubo.

Nata con massa zero, il protile era diventato dunque pesantissimo con una massa pari a quella dell'attuale universo.

Il peso dell'universo attuale dovrebbe essere in teoria $9,532799017 \times 10^{56}$ Kg.

Questa trasformazione, creò: "l'Energia Oscura", che andò ad avvolgere il protile e favorì così l'espansione dello spazio che lo conteneva.

Questa energia oscura con la sua forza repulsiva, vinceva quella gravitazionale primordiale, è come se Dio con la creazione di questa energia, mettesse la sua firma sulla creazione.

La teoria dell'inflazione

Il termine inflazione deriva dall'inglese inflation, che significa rigonfiamento. Questa teoria elaborata da Alan Guth è interessantissima e spiega come l'universo si è espanso.
Il termine Big Bang, è un termine dispregiativo coniato da Fred Hoyle un famoso fisico che non credeva all'espansione dell'universo ed aveva proposto la sua teoria dell'universo stazionario, chiuso in se stesso che si ricicla continuamente, che è sempre esistito e non è mai stato creato da nessuno, e nemmeno da Dio, dunque una tesi atea.
Dunque il termine Big Bamg, ormai divenuto di dominio pubblico, annunciato nel 1948 dallo scienziato, durante una trasmissione radiofonica, crollò per merito di Hubble, che scoprì l'espansione delle galassie e crollò del tutto, quando i i tecnici Penzias e Wilson, scoprirono la radiazione di fondo del Big Bang, un vero eco di quel fenomeno.

Verso la fine della sua vita, Fred Hoyle, affermò che un universo senza Dio, non starebbe in piedi. Da ateo a credente?

Tornando al protile, abbiamo detto che era globulare, quindi durante l'inflazione andarono in espansione blocchi del protile che espandendosi sempre più formarono gli ammassi di galassie.

Ma torniamo all'inflazione, Alan Guth teorizzò che questa espansione raggiunse la velocità di 10^{21} volte la velocità della luce, pari a 9 miliardi di anni luce al secondo.

Se questo fenomeno fosse durato un minuto, oggi gli ammassi di galassie non si vedrebbero più, perché lo spazio fra loro si sarebbe dilatato enormemente.

Ma l'espansione è durata pochissimo, da 10^{-35} secondi a 10^{-30} secondi.

Grazie a questo rallentamento, oggi è possibile vedere da 100 a 200 miliardi di galassie distanti fino ad oltre 13 miliardi di anni luce.

Ora stiamo attenti, questa teoria non va contro la teoria della relatività sostenente che la velocità della luce è immutabile e non va oltre a 300.000 chilometri al secondo.

Infatti per Alan Guth è lo spazio che si espande e raggiungere le velocità sopra citate, mentre la velocità della luce rimane immutata, è proprio grazie al rallentamento dell'espansione che il fotone della luce ad un certo punto raggiunge la materia e ci mostra lontanissimi oggetti.

Recentemente si è scoperto che la velocità dell'universo sta aumentando, di poco rispetto alla velocità dell'espansione inflazionaria e che questo fenomeno è nata 6 miliardi di anni fa, quando l'universo aveva poco meno di 8 miliardi di anni.

Bene la mia teoria è che 6 miliardi di anni fa, si completarono gli ammassi di galassie con inclusioni di tutte le galassie sparse, questo fenomeno causò un aumento della forza repulsiva rispetto a quella della gravità primordiale.

Ma come per l'inflazione, anche questa accelerazione sarà diminuita nel tempo tornando alla velocità d'espansione precedente, ma questo fenomeno lo potremo constatare forse fra miliardi di anni, dando il tempo alla luce di raggiungerci mostrandoci che il Red Shift cioè lo spostamento verso il rosso delle bande spettrali è tornata nella norma.

La dimensione attuale dell'universo

Noi diciamo che la visione attuale dell'universo ci mostra la radiazione di fondo distante 13 miliardi e 750 milioni di anni luce, dunque con un diametro visibile di poco meno di 28 miliardi di anni luce, ma dobbiamo tenere presente che in questi quasi 14 miliardi di anni, l'universo si è espanso dunque l'equazione della distanza comovente, ci porta a stabilire che il raggio attuale è di 46.5 miliardi di anni luce, pari ad un diametro di 93 miliardi di anni luce.

La fine dell'universo

Esistono tre teorie sulla fine dell'universo.
La prima sostiene che l'espansione si fermerà e l'universo diventerà statico per poi lentamente spegnersi, la seconda recita che l'espansione diminuirà sempre più all'infinito, mentre la terza che imploderà su sè stesso, (teoria del Big Cranch).
In fisica si dice che quando la temperatura media dell'universo raggiungerà lo zero assoluto e cioè -273.15°K la forza repulsiva perderà la sua forza rispetto alla forza gravitazionale iniziale, quindi si racchiuderà.

La missione Kolbe stima la temperatura media dell'universo in 2.7°K, -271.8°K, vicinissima allo zero assoluto. Credo che questa la teoria più valida. Ma questo processo potrebbe essere già iniziato senza che l'immagine del Big Cranch ci abbia ancora raggiunto.

Per accorgerci di questo, dobbiamo attendere di scoprire una lontanissima galassia in avvicinamento e non in espansione.

Stiamo comunque sereni, perché il procedimento di implosione durerà lo stesso tempo impiegato per espandersi, e se dovesse iniziare in questo momento la fine avverrebbe fra circa altri 14 miliardi di anni.

La nascita delle prime stelle

Come in precedenza asserito, l'universo primordiale era composto da agglomerati, data la globularità del protile.

La forza gravitazionale intervenne su questa creando vere e proprie sacche di materia e formando le prime stelle.

Questo avvenne circa 200 milioni di anni dopo l'inflazione.

Le prime stelle hanno dunque 13.5 miliardi di anni, molte di loro non esistono più o sono esplose o si sono spente passando da nane bianche a nane brune per poi spegnersi divenendo fredde buie ed invisibili. Divennero materia oscura barionica.

Le prime stelle nate dalla condensazione delle nubi di idrogeno non assomigliavano alle attuali stelle longeve che popolano attualmente l'universo. Erano caldissime ed esplodevano in supernove o implodevano in buchi neri a seconda delle loro masse.

Se qualcuna di loro è sopravvissuta non la potremmo comunque vedere, con nessun attuale telescopio, perché in quei tempi l'universo si presentava opaco, con una luminosità che ci impedisce di vederle.

Ma l'evoluzione dell'universo era rapidissima.

La stella più vecchia che conosciamo, l'abbiamo chiamata Earendel ha quasi 12.9 miliardi di anni ed è nata quando l'universo aveva appena, si fa per dire 900 milioni di anni. Si trova nella costellazione della Balena nella proto galassia Sunrise arc.

Si tratta di una stella di tipo spettrale B, molto più calda del nostro Sole.

La stella nasce quando la temperatura raggiunge i 10 milioni di gradi e si innesca la reazione di fusione nucleare. In questo modo è nato anche il nostro Sole, ma lo vedremo più avanti.

La luce nell'universo comparve 380.000 anni dopo l'inflazione, prima i fotoni erano assorbiti dal plasma dell'espansione, questo evento si chiama ricombinazione.

Poi l'universo precipitò di nuovo nelle tenebre fino alla formazione delle prime galassie. Poi iniziò un nuovo processo di illuminazione, più lento del primo, e che durò un miliardo di anni, questo processo si chiama reionizzazione.

Le prime galassie

I primi agglomerati di stelle, le galassie, sono nate 800 milioni di anni dopo l'inflazione o inizio di espansione.

Le prime avevano un diametro di circa 300.000 anni luce circa 330 volte più piccole della nostra galassia, la Via Lattea.

Si svilupparono anche loro velocemente. Alcune di esse inghiottirono altre vicine, (fenomeno di cannibalismo) senza creare pericoli di scontri tra stelle, infatti lo spazio fra stella e stella all'interno di una galassia è molto grande, insomma, c'è posto per tutte.

I primi gruppi di galassie

I primi gruppi di galassie compaiono circa 600 milioni di anni dopo l'espansione dell'universo. Contengono qualche decina di galassie.
La nostra galassia, la Via Lattea, fa parte del Gruppo Locale, con la galassia d'Andromeda la galassia del Triangolo ed una decina di galassie più piccole. Questi gruppi sono tenuti insieme dalla forza di gravità, la famosa Costante Cosmologica di Albert Enstein che non vale tra ammasso e ammasso di galassie, dove ha la meglio l'Espansione.

I primi ammassi di galassie

I primi ammassi di galassie risalgono a poco più di 11 miliardi di anni fa.
I primissimi avevano un diametro di 1 megaparsec, 3.260.000 anni luce, e contenevano solo qualche decina di galassie, poi crebbero e in essi se ne concentrarono centinaia.

I super ammassi di galassie

Esistono poi i super ammassi di galassie. Sono enormi agglomerati di galassie, che contengono 1000/2000 galassie, il più famoso è il super ammasso della Vergine, che noi possiamo osservare nella costellazione della Vergine.
E' anche il più vicino a noi, e attrae il nostro Gruppo Locale del quale fa parte la nostra galassia. La dimensione di questo super ammasso è di 100 milioni di anni luce, che contempla anche diverse nubi galattiche che portano il totale della sua dimensione a 200 milioni di anni luce.
Contiene 1.500 galassie ed è gemella del super ammasso della Chioma di Berenice. Dista 60 milioni di anni luce.
Gli ultimi riscontri ci dicono che anche questo super ammasso si sta spostando verso il super ammasso di Regolo nella costellazione del Leone ad una velocità di 600 chilometri al secondo.
Il super ammasso della Chioma nella costellazione della Chioma di Berenice, contiene circa 1.000 galassie e dista 350 milioni di anni luce da noi.
I super ammassi più famosi sono: quello di Ercole che contiene 11 ammassi, quello del Leone con 10 ammassi, quelli della Fenice e della Lepre con 8 ammassi ciascuno, quelli del Pavo/Indo e dell'Idra/

Centauro con 6 ammassi ciascuno e quello della Colomba con 2 ammassi.

Gli Iper ammassi o grandi attrattori

Le ultime scoperte cosmologiche ci portano a scoprire che i super ammassi sono a loro volta attratti da strutture enormi, con grandezze di miliardi di anni luce.
Sono i grandi attrattori. Il grande attrattore Laniakea, attira la bellezza di 100.000 galassie, fra le quali il super ammasso della Vergine che a sua volta attrae il gruppo locale nel quale si trova la Via Lattea. Il suo diametro è di 520 milioni di anni luce.
Un altro grande attrattore, è lo Shapley distante 650 milioni di anni luce, esso si trova al limite del Vuoto di Boote, una zona priva di galassie e stelle.
Esiste poi il grande attrattore chiamato Muraglia di Ercole.
Ha una lunghezza di 10 miliardi di anni luce. E' larga 7.5 miliardi di anni luce ed ha uno spessore di 900 milioni di anni luce. E' stata scoperta nel 2013. e dista 10 miliardi di anni luce da noi. Di queste strutture ne esistono senz'altro parecchie.

I quasar

Al centro di alcune galassie, esistono buchi neri super massicci, che creano una radiosorgente quasi stellare la contrazione di questo termine ha creato un nuovo termine: Quasar. Questo termine è stato coniato dall'astrofisico Hong-Yee Chiu nel 1964.
La luminosità di questi Quasar, è centinaia di volte superiore alla luminosità di una semplice galassia, pur essendo una galassia anch'essa, mentre sono straordinariamente piccoli, il loro diametro è di pochi anni luce, poco più del nostro sistema solare.
La velocità della materia all'interno dei quasar e grandissima, da 3.000 a 10.000 chilometri al secondo.
L'enorme luminosità dei quasar, è spiegata con l'attrito causato da gas e polveri che cadono nel buco nero centrale.
Il piccolo diametro è causato dal disco di accrescimento del buco nero che può convertire la metà della massa di un oggetto in energia rispetto ai processi di fusione nucleare.
Una delle ultime teorie cosmologiche, recita che agli albori dell'universo, una galassia ogni 200 nate, si trasformò in quasar. I più lontani quasar distano 13 miliardi di anni luce da noi.

Questi viaggiano a velocità 7 volte superiore alla velocità della luce. I primi quasar sono nati 770 milioni di anni dopo l'inflazione.
Esistono poi ammassi di quasar che contengono 70 e più di quasar. Ma esistono anche dei super ammassi di quasar contenenti anche 700 quasar.
Io ho notato che dove compaiono questi super ammassi non sono presenti grandi attrattori di galassie, come se per bilanciare le forze, il creatore avesse messo da una parte i grandi attrattori di galassie, composto di galassie, e da un'altra parte, super ammassi di quasar.

L'energia oscura

Torniamo ora all'energia oscura, di cui abbiamo solo accennato nel paragrafo dedicato al Protile.
Questa energia l'abbiamo soprannominata la firma di Dio apposta al suo quadro. L'energia oscura occupa il 68% dell'universo mentre la materia oscura occupa il 27% e solo il 5% è occupato da materia visibili, galassie e agglomerati di galassie.
Dunque il 95% dell'universo è invisibile.
Questa energia farebbe da collante a tutta la materia esistente nell'universo.

La domanda che sorge spontanea è: "se queste energie sono invisibili, come possiamo sostenere che esistano?"

Rispondo con un esempio, è come se un uomo invisibile lasciasse le sue impronte camminando nella neve.

Infatti noi ci accorgiamo della loro esistenza rilevando alterazioni negli oggetti visibili vicino a queste energie.

Queste impronte furono lasciate appena dopo l'espansione dell'universo.

Questa energia è stata scoperta nella radiazione di fondo. Si tratta di una delle più grandi scoperte straordinarie e sorprendente.

Sicuramente questa energia, di cui sappiamo ancora poco, deciderà il destino dell'universo.

La sua scoperta risale al 1998, gli scienziati Primutteri, Smhidt e Riess, stavano studiando le supernove di galassie lontane, scoprirono che più le galassie erano lontane e meno luminose apparivano le supernove.

Da qui l'ipotesi che l'universo non stava rallentando la sua espansione, ma bensì accelerando. Doveva dunque esistere un'energia che vincendo la forza di gravità, creava questa accelerazione.

La scoperta fruttò ai tre scienziati il premio Nobel per la fisica nel 2011. Questa scoperta fece scoppiare un vero putiferio fra scienziati di tutto il mondo.

Si mise in discussione la teoria relativistica di Einstein-De Sitter, si mise in discussione la costante di Hubble, si mise in discussione la teoria inflazionistica di Alan Guth, e venne messa in discussione addirittura la formula della gravità di Isac Newton.

Personalmente ho letto e studiato tutte le teorie che sono nate durante questa bufera dopo questa scoperta, ma non mi dilungherò su questo tema e su questa diatriba.

Mi sembra però di poter paragonare questi scienziati a quei virologi che durante il covid si presentavano in televisione e litigavano tra loro.

Io pur non essendo uno scienziato, sono propenso per credere all'esistenza dell'energia oscura, chiamata così da Michael Turner è solo ipotizzando la sua esistenza che possiamo giustificare l'espansione rapida dell'universo durante l'inflazione.

I buchi neri

Come accennato in precedenza, i buchi neri sono la causa della formazione dei quasar, e nascono quando una stella di grande massa, almeno 20 volte quella del Sole, non esplode divenendo supernova, ma implode collassando su se stessa.
Il primo buco nero venne scoperto nel 1964 ed è la sorgente x "Cignus "che si trova nella costellazione del Cigno.
Per il grande astrofisico e matematico Stephen Hawking non si sarebbe trattato di un buco nero, e fece addirittura una scommessa con lo scienziato Kip Thorne sostenitore della tesi dl buco nero.
Hawking si arrese nel 1990, quando le osservazioni dimostrarono che Cignus x1 era un buco nero.
Questo enorme inghiottitore di materia, dista da noi 7.140 anni luce con una massa residua della ex stella di 13 masse solari.
La controparte di questo buco nero è una supergigante blu, dunque, un tempo, era un sistema stellare binario.
Nel 1970, la NASA lanciò il satellite artificiale Uhuru, che individuò 300 sorgenti di raggi x, venne così scoperta una stella che ruota attorno al buco nero con una massa 18 volte quella del nostro Sole.

Il termine buco nero fu coniato per la prima volta dal fisico John Wheeler, ed anche nella teoria della relatività di Albert Einstein ne viene ipotizzata l'esistenza; oltre a buchi neri, nella teoria, viene ipotizzata l'esistenza anche dei buchi bianchi, che avrebbero il potere di respingere la materia, invece di attrarla. Questi buchi bianchi, non sono stati ancora scoperti.
In realtà, come agisce il buco nero sulla materia? Aumentando a dismisura la forza gravitazionale, questo attirerebbe a se la materia, non lasciandola più fuoruscire e imprigionandone anche la luce.
Il limite dal quale non si può più uscire, viene chiamato "Orizzonte degli eventi".
Continuando le ricerche, sono stati scoperti i buchi neri super massicci, con milioni o addirittura miliardi di masse solari.
Un buco nero super massiccio, si troverebbe al centro della nostra galassia, e si pensa che quasi tutte le galassie ne posseggano uno al loro centro.
Il sistema binario 0j287 conterrebbe il più massiccio buco nero fino ad ora scoperto, ma non solo, si tratterebbe di un buco nero binario.
Il buco nero principale avrebbe una massa di 13 miliardi e 350 milioni di masse solari, mentre quello secondario di 150 milioni di masse.

Anche la galassia di Andromeda, la più grande del nostro gruppo locale, avrebbe un buco nero nel suo centro, con una massa addirittura maggiore a quello al centro della nostra Via Lattea.
Si e poi scoperto che i buchi neri, si dividono in rotanti e statici.
La materia potrebbe nel suo avvicinamento ad un buco nero rotante, potrebbe sfuggire alla sua attrazione, mentre il buco nero statico, non darebbe scampo alla materia in avvicinamento, perché la materia supererebbe l'orizzonte degli eventi, cioè il punto di non ritorno. Esistono ipotesi che agli albori dell'universo sarebbero nati moltissimi buchi neri causati dalla instabilità gravitazionale dell'inflazione.
Tutto questo potrebbe portare a temere che i buchi neri in futuro possano portare alla distruzione dell'universo stesso, ma la fisica porterebbe ad accertare che la loro massa sarebbe insufficiente per far vivere i buchi neri nel tempo, la loro fine sarebbe l'evaporazione precoce.
Il buco nero più vicino alla Terra si troverebbe a 12 milioni di anni luce da noi, si chiama FRB 20200120E.
Nell'aprile del 2019, finalmente gli scienziati sono riusciti a immortalare le prime immagini di un buco nero.

Dopo che nel 2016, le onde gravitazionali hanno dimostrato l'esistenza di questi oggetti, ora è arrivata la foto del secolo.

L'immagine è quella del buco nero al centro della galassia M87 nel del super ammasso della vergine, distante 55 milioni di anni luce.

Al progetto hanno partecipato, Event Horizon Telescope, finanziato dalla commissione europea, dall'Istituto Nazionale di Astrofisica e dall'Istituto Nazionale di Fisica Nucleare.

E' stato rilevato dalla sua ombra che appare come una sorta di anello rossastro, con i telescopi Eht, si è raggiunta la risoluzione in grado di guardare all'interno dell'Orizzonte degli Eventi.

Per poterlo fare, si è proceduto ad indagare nel Plasma che precede l'orizzonte invalicabile. Adesso si può finalmente osservarli.

Questa scoperta porta a confermare la teoria di Enstein che ha previsto i buchi neri.

La materia oscura non barionica

Fra la materia non visibile, esiste anche la materia oscura non barionica.
Essa non è composta da oggetti spenti o da gas freddi come succede per la materia oscura barionica.
Questa materia interessa il 27% dell'intero universo, la sua scoperta è merito di Rubin e Ford, essi scoprirono che la velocità delle stelle distanti sembrerebbe essere sempre la stessa, sebbene il loro raggio fosse molto più grande rispetto a quelle vicine.
La spiegazione più semplice ma che suppone una scoperta rivoluzionaria, è che oltre alla materia visibile, esista una materia invisibile.
Rubin e Ford studiarono 60 galassie, osservando che più una stella è distante, maggiore sarà la massa che la attrae.
Come si dispone la materia oscura all'interno della propria galassia?
Si è stabilito che nelle galassie con molte stelle in formazione, la materia oscura si dispone verso la periferia, mentre nelle galassie povere di stelle in formazione, tende a disporsi verso il centro della galassia.

Lo scopo che ha la materia oscura non barionica è presente all'interno dei grandi ammassi di galassie, facendo da collante gravitazionale per tenere uniti i corpi, insomma al contrario dell'energia oscura che ne favorisce l'espansione.
E di cosa si compone? Le ultime teorie spingono a pensare che questa energia sia composta da particelle supersimmetriche quali neutralini, neutrini massicci, o altre particelle soggette solo alla forza gravitazionale e all'interazione debole.

L'evoluzione dell'universo primordiale

Torniamo ora all'evoluzione dell'universo.
Quando le stelle solidificarono le nubi di gas e polveri che esistevano attorno a loro, cominciarono a formarsi i primi pianeti attorno ad esse.
Le stelle erano ancora troppo calde per avere pianeti orbitanti attorno a loro a distanze di poche unità astronomiche (l'unità astronomica 1, è la distanza Terra Sole, pari a 150 milioni di chilometri).
Questi pianeti erano principalmente gassosi del tipo di Giove, Saturno, Urano e Nettuno, ma pian piano, diminuendo la temperatura dell'universo,

apparvero anche u pianeti solidi come i nostri Mercurio, Venere, Terra e Marte.
Alcuni di questi svilupparono anche una loro atmosfera.
Erano atmosfere non obbligatoriamente simili alla nostra.
Quando il carbonio divenne rilevante, allora queste atmosfere divennero più simili a quelle della Terra e più propense ad essere abitate da esseri simili a quelli che noi conosciamo e che abitarono il nostro pianeta.
Come sulla Terra, anche su questi pianeti extrasolari, iniziarono a formarsi gli unicellulari, per poi ospitare tutte le specie animali che noi conosciamo, con varianti a secondo della composizione dell'atmosfera dei loro pianeti e delle temperature delle loro stelle.
Ma lavelocità di evoluzione nei primi 2 miliardi di anni, fu molto più rapida rispetto a quella avvenuta nel nostro sistema solare, a causa della ancora elevata velocità di espansione dell'universo stesso.
Dal tunnel interdimensionale, di cui abbiamo parlato a lungo arrivarono le uova cosmiche che diedero la vita a tutte le forme di vita.
Per ultime arrivarono quelle che diedero vita a gli esseri più evoluti che noi chiamiamo umani.

A differenza di ciò che accadde sulla Terra, sugli esopianeti di queste antiche stelle, questi esseri nacquero già evoluti, sia a livello mentale che antropologico. Erano simili all'uomo di oggi.

Gli esseri di luce

I primi esseri che noi chiamiamo di luce, apparvero circa 11 miliardi di anni fa, 6 miliardi di anni prima della comparsa del sistema solare.
E paragonandoli agli uomini che nascono oggi da noi, sempre a causa della rapida evoluzione, divenivano adulti all'età di soli 10 dei nostri anni, mentre possedevano un'intelligenza pari alla nostra, di oggi, già all'età i 4 o 5 anni.
A livello sociale e spirituale, erano paragonabili ai nostri santi, amavano il prossimo e non commettevano reati di nessun genere.
I primi esemplari di questa razza, appena fuorusciti dalle uova cosmiche erano autosufficienti e non avevano bisogno di adulti che li allevassero.
Questa autosufficienza smise di esistere quando questi esseri, nati maschi e femmine, si accoppiarono ed ebbero figli.
Da quel momento questi esseri adulti, si presero cura dei loro figli. Questi esseri vivevano migliaia

dei nostri anni e potevano generare figli anche raggiunte le incredibili età di 500/700 anni.

Non avevano il problema dell'incesto ma la loro morale non permetteva loro di accoppiarsi fra padre e figli, avevano una grande conoscenza di Dio e seguivano i comandamenti di chi li aveva creati, anche senza che altri imponesse a loro di seguirli.

Il male non poteva in nessun modo attaccarli, ed il maligno non aveva la meglio su di loro.

Fu per questo che Satana si adirò in modo feroce, e chiese a Dio se avesse potuto tentarli.

Dio disse a Satana che non era ancora venuto il tempo e che avrebbe dovuto aspettare che questi esseri si indebolissero spiritualmente.

E che questo sarebbe avvenuto solo quando l'universo avesse perso la sua energia.

Questi esseri, pur non comunicando con Dio, ricevevano insegnamenti dagli angeli e dall'arcangelo Sadalphon che li istruiva e che li consigliava quando era il momento dell'accoppiamento affinché generassero figli.

Lo scopo dell'atto sessuale esisteva per loro solo in facoltà di riproduzione. Ottenevano un piacere superiore a quello che noi proviamo nell'atto sessuale, prendendosi per mano e trasmettendosi uno stato di estasi.

Comunicavano tra loro in una lingua unica che gli era stata trasmessa nel loro DNA già alla nascita.

Possedevano il dono della bilocazione ma la usavano solo in casi eccezionali, comunicavano con i loro defunti tramite locuzioni interne.

E chiamavano i loro defunti: guide spirituali, perché ricevevano da loro i giusti consigli.

Appresero velocemente le tecniche di volo, anche quelle interstellari e ben presto cominciarono a visitare altri pianeti creando vere e proprie mappe cosmiche, per annotare i pianeti abitati.

Popolazioni e razze diverse, di pianeti diversi, di sistemi stellari diversi, si conobbero fra di loro e si scambiarono le loro conoscenze ed il loro sapere.

Ben presto scoprirono tutti i segreti dell'universo e tutti gli esseri presenti.

Vissero in questo stato di beatitudine per circa 2 miliardi di anni, non temendo la morte e attendendo che questa avvenisse per vecchiaia e non a causa di malattie.

Capivano quando il momento di lasciare il loro corpo era vicino, e sotto lo sguardo amorevole dei loro parenti ed amici, si addormentavano in uno stato di estasi, poi attraversato il tunnel andavano ad unirsi con i loro cari defunti e divenivano a loro volte guide nei confronti dei loro cari viventi.

Consci che l'energia dell'universo andava lentamente scemando, decisero di organizzarsi in una congregazione o fratellanza, come dir si voglia, universale. Stabilirono quali dovessero essere i dirigenti di questa fratellanza, che a loro volta eleggevano un responsabile, chiamato nella loro lingua: Sheran.
Questi sceglieva il suo vice, che veniva chiamato: Shenar, ed alcuni consiglieri chiamati Shiin che a loro volta eleggevano il loro capo chiamato Shinar.
Nell'universo gli Sheran, erano parecchi, e durante una riunione universale eleggevano lo Sheran capo di tutti gli Sheran che a sua volta eleggeva il suo secondo e i suoi consiglieri.
Così era strutturata la Fratellanza Cosmica o Fratellanza Universale. Presto il compito di questa congregazione fu di sorvegliare che sui pianeti non nascessero esseri inferiori, e quando si accorsero che questo stava accadendo, andarono su questi pianeti per istruire chi di loro stava perdendo le capacità spirituali degli esseri di luce.
Questo cominciò ad accadere 9 miliardi di anni fa. Da questo momento oltre a nascere esseri di luce, ne nascevano altri che li potremmo chiamare di media luce.
Fu questo il momento per Satana di intervenire per tentare i più deboli.

Pur non risparmiandosi mai, ed impegnandosi sempre per divulgare il bene, agli esseri di luce qualcuno di loro gli sfuggì, e pian piano divenne cattivo e non riconoscendo più la volontà di Dio.

Per fortuna continuavano a nascere esseri di luce, che presero la decisione di istituire dei centri di rispiritualizzazione per chi sviasse dalle leggi divine, non erano prigioni, ma riformatori gestiti da esseri di grande sapienza ed amore.

Nel DNA di questi esseri deboli spiritualmente, furono trovati quelli che vennero chiamati punti neri, e questi individui furono chiamati: negativi.

Nemmeno questi tentativi andarono a buon fine, alcuni di questi esseri ormai senza luce divina, divennero maligni, e si aggregarono, come avevano fatto i demoni con Satana prima della grande battaglia avvenuta nell'universo spirituale.

Dopo 5 miliardi di anni dalla creazione dell'universo, nascevano le discordie e le guerre per il potere.

Gli esseri di luce cercarono di non trasmettere capacità tecnologica a questi esseri negativi, per impedire loro di esportare la loro negatività nell'universo. Anche questo non bastò, su alcuni pianeti i negativi, ebbero la meglio sulla loro popolazione e divennero veri despota e dittatori; resero schiavi i più deboli.

Questo successe anche nella nostra galassia, nella Via Lattea, alcuni pianeti vennero comandati da questi esseri negativi.

Quindi le guerre nell'universo, nacquero 4 miliardi di anni prima che nascesse il sistema solare.

I grandi angeli consigliarono agli esseri di luce di non intervenire in conflitti con i negativi, ma solo di difendersi dagli eventuali attacchi di questi.

La preoccupazione più grande degli esseri di luce fu di evitare guerre atomiche o disgregative, come quelle causate dal "Teletekton", un'arma in grado di disgregare gli atomi di un pianeta, disintegrandolo.

L'impegno degli esseri di luce era anche quello di soccorrere le popolazioni non avanzate a livello tecnologico e non in grado di abbandonare i loro pianeti, se messi a repentaglio da esplosioni delle loro stelle.

La nascita del sistema solare

Fu proprio nel periodo sopracitato, 9 miliardi di anni fa, che in una zona semi periferica della Via Lattea, una nube di idrogeno si condensò, alcuni atomi, persero le loro particelle e le rubarono ai vicini, vi fu molta dispersione di energia, il "Decadimento", le particelle si arricchirono di protoni, di elettroni e neutroni, si formarono così molte di queste famiglie.

8 miliardi e 400 milioni di anni fa, le riunioni delle famiglie creò le molecole che possono convivere con più atomi uguali o diversi fra loro ma compatibili.

8 miliardi e 200 milioni di anni fa, l'aggregazione molecolare, crea a volte squilibri, minaccia la coesione che raggiunge soglie critiche che possono portare all'esplosione. Per fortuna, nella nube proto stellare del nostro Sole, non è accaduto.

8 miliardi di anni fa, una parte della nube cosmica si allontana. La parte più vicina al sole nascente restando più a contatto con lui, riceve più fotoni.

La parte che si allontana di molto, crea comete, meteore e polvere vagante. Quella più lontana formerà i pianeti gassosi, Giove, Saturno, Urano e Nettuno, quella più vicina, formerà i pianeti interni, Mercurio, Venere, Terra, Marte e un pianeta che non esiste più e che disintegrandosi creerà la fascia degli asteroidi o pianetini.

7 miliardi e 600 milioni di anni fa, l'anello cosmico si dividerà in 9 parti, sistemandosi in altrettante orbite, distanziandosi proporzionalmente al quadrato della distanza della prima orbita. La gravitazione universale, le ha distribuite in modo esatto.

7 miliardi e 300 milioni di anni fa, una di queste nuvole, catturando elettroni, si raffredda e si trasforma in altri elementi, è la prima nube molto densa che ruota attorno al Sole.

Nasce la prima massa che si pone in orbita solare 50 milioni di chilometri, è il pianeta Mercurio.

La seconda nuvoletta diventa pesante e si mette in orbita a 100 milioni di chilometri, creerà il pianetaVenere, la terza si porrà a 150 milioni di chilometri e formerà la nostra Terra, ma questa nuvola perde una porzione di un ottantunesimo del suo insieme che si mette in orbita attorno a noi a circa 380.000 chilometri formando la Luna.

La quarta nuvola formerà Marte, la quinta il pianeta che non esiste più.

6 miliardi e 800 milioni di anni fa, le nuvole si sono ormai tutte solidificate, formando le 9 orbite che daranno vita ai pianeti sopracitati.

L'ultima nube, quella più lontana, creerà i Plutini, con Plutone capo fila dei pianeti freddi e che compongono la nube di Kujper, i principali sono: Veruna, Quaoar ed Esdra, poi migliaia di comete fino alla nube di Ort.
4 miliardi e 600 milioni di anni fa, il nostro Sole è una stella sotto tutti gli effetti.

La nascita della Terra

Grazie al suo moto di rotazione e al suo posizionamento nell'orbita solare, la Terra diventa un pianeta ideale per ospitare una vita futura.
Con un lavoro costante durato 100 milioni di anni, la rotazione favorisce la caduta verso l'interno degli elementi più pesanti così da costituire il nucleo composto da ferro e nichel, mentre all'esterno il mantello è composto di silicio, magnesio ed alluminio il tutto circondato da una troposfera per il 78% di azoto, nel frattempo, molti atomi sono riusciti ad attrarre 8 elettroni, 2 nella prima orbita e 6 nella seconda, è l'ossigeno. Questo è avvenuto 5miliardi e 800 milioni di anni fa.
Poi 5 miliardi e 200 milioni di anni fa, inizia un periodo di creazione di una difesa termica

provocata da alcuni atomi provocata da alcuni atomi che sono stati creati dai gas stabili nell'atmosfera, un'ottima protezione dalle radiazioni solari.

La protezione fa arrivare le radiazioni solari smorzate, alcuni atomi si aggregano con altri composti, è la fine della fissione nucleare e della scissione o spaccatura degli atomi ha inizio l'unione nucleare di atomi leggeri che formano un aggregato più pesante. Tutto questo è avvenuto 5 miliardi di anni fa.

Poi 2 atomi di idrogeno, già uniti in molecola si uniscono ad un atomo di ossigeno, nasce l'acqua, questo 4 miliardi e 800 milioni di anni fa.

Inizia l'evoluzione chimica sollecitata dalle radiazioni solari e da scariche elettriche che i gas emettono nella parte più alta dell'atmosfera, nella ionosfera. L'azoto, sollecitato dalle continue radiazioni che riceve nella ionosfera, crea l'importante isotopo radioattivo del carbonio. 4 miliardi e 500 milioni di anni fa, nella troposfera atomi di idrogeno, metano, calore e vapore acqueo, scatenano uragani immani, fulmini di inaudita potenza scaricano milioni di volt nei cieli squarciandoli e spaccando anche gli atomi più semplici.

Per effetto di questi squarci apocalittici, causati dai fulmini, atomi di carbonio passano dall'atmosfera alla biosfera creando con altri elementi come i gas i primi composti organici; 4 miliardi e 400 milioni di anni fa, è così nata la vita sul nostro pianeta.

Fra i vari componenti che spiccano in questo periodo, c'è l'ammoniaca che dominerà la Terra e l'evaporazione di questa, ne causerà il suo raffreddamento. L'ammoniaca, si è formata unendo tre atomi di idrogeno ed uno di azoto.

4 miliardi di anni fa, si forma un importante amminoacido, la tirosina. L'ammoniaca, se si prende un altro atomo, diventa un sale, mentre se l'ammonio ne perde uno diventa un'ammina, il primo composto organico.

Con le tempeste magnetiche solari, alcune hanno un solo nucleo, altre più complesse diventano preziosi aminoacidi.

3 miliardi di anni fa, queste ammine, subiscono mutazioni in base alle radiazioni che ricevono, nasce il piogene, che presiede alla conduzione di impulsi nervosi nell'organismo vitale.

La nascita della vita sulla Terra

3 miliardi e 700 milioni di anni fa, nascono gli organismi primitivi.
I raggi ultravioletti, il calore e le scariche elettriche vanno a creare la sintesi abiotica.
Si creano le aggregazioni molecolari delle seguenti sostanze: idrogeno, metano, acetilene, vapore acqueo e acido cianidrico, è l'atomo che precede la vita.
Questa molecola sopracitata unendosi con acido fosforico e con zuccheri, crea il ribosio che con questa unione, creeranno il DNA e RNA.
Si conclude qui l'era Archeozoiaca con il periodo Andreano.
La Terra è composta da un oceano primordiale e della Megagea, un mega continente.
Inizia il periodo Archeano, che durerà 3 miliardi di anni e si concluderà 800.000.000 di anni fa. 3 Miliardi e 400.000.000 di anni fa, nascono le quattro molecole fondamentali: l'adeina, la citosina, la guanina, e la timida più l'undina, che sono le basi che costituiscono gli acidi nucleici, con una struttura ben precisa.
Alcune ammine iniziano a creare macromolecole composte di 20 aminoacidi di cui l'uomo è composto.

Si forma così il brodo di componenti organici sempre più complesso.

Avviene un fenomeno prodigioso, accanto ai primi protidi, (gli zuccheri) nascono gli amidi, che diventano anch'essi zuccheri, ma solo se trattati con acidi.

3 miliardi di anni fa, nascono le albumine, proteine semplici che per idrolisi completa, (scissione di un complesso chimico nell'acqua) creano gli aminoacidi più noti, che sono i mattoni delle future cellule.

Come abbiamo visto, albumine, proteine ed aminoacidi servono alla costruzione di un organismo biologico, il trasferimento preciso degli amminoacidi al ribosoma, avviene in modo che ogni sua parte venga a collocarsi in modo perfetto, è questa la sintesi proteica, quando questo non avviene, nascono le mutazioni genetiche causa delle quali possano essere le radiazioni, i virus, il calore, ecc.ecc.

Nascono gli esseri unicellulari. Alcune cellule più evolute, per difendersi dal cannibalismo, innalzano veri e propri muri di protezione, composti da molecole di 20 atomi di spessore, lasciando aperte delle feritoie di passaggio.

All'interno vengono utilizzati i mitocondri, batteri che mangiano le scorie e trasformano sostanze

organiche in inorganiche e viceversa, tenendo pulita la cellula e creando energia.
1 miliardo e 400.000.000 di anni fa, il DNA, regna sovrano rendendo le sue barriere protettive, vere e proprie corazze i brachiopodi.
Fra questi microabitanti della cellula, ci sono i geni, veri e propri artisti che modificano la vecchie strutture, creandone sempre di nuove; si formano così, ossa e organi vari.
Un miliardo di anni fa, nel mondo vegetale nascono le tallofite molecole di cellulosa autosufficienti.
Alcune forme zoologiche, mutano geneticamente, facendo favori alle piante, trasmettendo loro l'anidride carbonica e di ritorno ricevendo l'ossigeno.
Questi scambi di doni fra il regno vegetale e animale, daranno un impulso determinante all'evoluzione.
L'unica lacuna, è che il tutto può avvenire solo grazie all'irraggiamento solare, quindi di notte, tutto si ferma.
Le cellule che ora vogliono riprodursi usano la vitamina "G" detta "Telefonista" che serve per stabilire il grado di compatibilità con la cellula con cui iniziare l'unione, la proteina suddetta, ricercherà il genere, la razza e così via, poi

comunicherà alla propria cellula le referenze dalla propria partner.
Nei batteri la cellula si divide in due ed ogni metà da origine ad un nuovo batterio e così all'infinito, ma questa riproduzione, non crea miglioramenti ed è vulnerabile (vedi il latte che si considera andato a male, quando tutti i suoi batteri sono cadaveri).
Nel mondo degli organismi autosufficienti (le cellule eucariotiche), l'unione è sessuata, ognuno metà della sua esperienza e della sua cultura, cioè il proprio bagaglio genetico, in queste unioni, alcuni portano cose buone, altri cattive e all'insaputa del partner possono trasmettere aggressività organi non perfetti, meno anticorpi, malattie latenti ed anche genetiche che si trasmettono ai discendenti.
900.000.000 di anni fa, nasce il primo aggregato unicellulare dove ogni cellula ha un proprio compito specifico.
I nomi di questi aggregati sono: ribosomi, vaculi, mitocondri, lilosoma, fagosomi, citolisosomi.
Il citoplasma è lo spazio interno di questa cellula, le case interne sono gli organuli che vengono collegate da vere e proprie strade, i reticoli endoplasmatici che permettono il processo metabolico.

Anche nel mondo vegetale, tutto questo è avvenuto in modo simile, per specializzazione.

Si creano grandi difese contro i parassiti e nascono così le alghe azzurre, batteri schizomiceti, con divisione diretta e non per mitosi, moltiplicandosi all'infinito quindi rimanendo vulnerabili e senza possibilità di miglioramenti.

Nel mondo vegetale, gli organismi sopra citati per sopravvivere, si uniscono in colonie e solo così si difendono dalle insidie, nascono le alghe verdi e i funghi. 720 milioni di anni fa, nel mondo animale, compaiono i radiolari, i poriferi e i brachiopodi.

Nascono gli invertebrati echinodermi, asteroidi, oloturie, echinoidi (i ricci), cistidati, attinie, aracnidi.

Mancando il cibo per tutti, inizia l'era dei predatori, questo 700.000.000 di anni fa.

C'è chi per difendersi usa corazze, chi spade, chi pungiglioni, chi armi chimiche, chi usa la mimetizzazione, chi spruzza acidi, chi veleni, chi usa sostanze nere e chi d'ha scosse elettriche. E' la guerra per la sopravvivenza.

670.000.000 di anni fa, appaiono gli esoscheletri tentacolari, alcuni posseggono il radar sonico, altri posseggono apparati elettromagnetici, altri ancora posseggono fari.

Alcuni pesci, meduse e cefaloidi, per sfuggire ai predatori, sperimentano un nuovo modo di nuotare, l'idrogetto, altri si creano pinne ad elica, altri pinne a battuta altri pinne a voga.

Nel regno vegetale, le piante si costruiscono un tronco con protezione silicea, le radici nascono ora nel terreno, sempre per essere meno vulnerabili.

Queste battaglie sottomarine, durarono 110 milioni di anni, ma senza mettere in pericolo la riproduzione delle specie.

Da questo momento si può parlare di guerra totale.

Si spezzano gli equilibri, fu una vera ecatombe di invertebrati. Si formano in questo modo vere colline di cadaveri che ci hanno permesso a distanza di tanti milioni di anni di venire in possesso di tonnellate di fossili.

Alla fine di questa lunga guerra, i sopravvissuti sono pochi, si salvano solo i più forti e i più furbi.

Dunque, 600 milioni di anni fa, è quasi estinzione totale.

Inizia una nuova era, quella "Paleozoica".

Inizia il periodo Cambiano, è di questo periodo che ci giungono i più numerosi campioni fossili della storia, sono i resti della guerra totale.

550 milioni di anni fa, nascono spugne, trilobiti, brachiopodi, piante che vivono a metà fuori dall'acqua, appaiono i primi muschi.

Appaiono le prime piante vascolari che portano nel fusto la linfa vitale e si sviluppano in altezza verso il Sole per catturare meglio la luce.
Nascono nel regno vegetale le poerefitali, sempre più alte verso il cielo, per catturare meglio la luce del Sole, hanno un solo ramo solo un ramo rivolto verso il Sole. Le piante cominciano ad avere i rami.
Comincia il periodo Siluriano, che dura 110 milioni di anni.
Le terre emerse sono ancora galleggianti su di un magma fluido, queste premendo fra di loro si corrugano verso l'alto dando origine alle prime montagne rocciose.
Lo scontro delle terre, "Pangea", crea le prime catene montuose nascono gli Urali, le montagne rocciose e l'Himalaya, questo 480 milioni di anni fa.
Finita la spinta pangeatica, nasce quella che chiamiamo: deriva dei continenti che lascia un ricordo di questi eventi, le attuali dorsali oceaniche.
Appaiono le prime piante terrestri con radici nel terreno che si insediano in luoghi umidi e piovosi.
Nascono le piante Fotoperiodiche, a seconda dell'irraggiamento solare, queste hanno bisogno di 12 ore di sole, mentre le Brevidiurne hanno

bisogno meno di 12 ore di sole, ed infine, le Neutrodiurne che si adattano anche a luoghi infami. 420 milioni di anni fa, nascono nei mari i pesci Agnati, gli Ostracodermi, i Placodermi e i Corazzati, privi di mandibola che sono senza scheletro e possiedono solo guscio e pinne pelviche.

400 milioni di anni fa, inizia il periodo Devoniano che durerà 50 milioni di anni: le piante imparano l'aerofagia, respirano aria, queste sono le Nerofite, non hanno radici vitali e non hanno bisogno di acqua nel terreno.

Si sviluppano le felci che si alzano fino ad otto metri di altezza. Ora le piante per difendersi emettono la "Lignina", una sostanza indigesta ai predatori.

Nei mari aumentano i pesci, ma negli acquitrini; i momenti di siccità crea una nuova ecatombe di razze e nuove estinzioni di massa.

380 milioni di anni fa, nascono strani pesci, i "Dipnoi", che hanno branchie ma hanno pure un proto polmone che durante le siccità, permette loro di vivere per lunghi periodi respirando, è questo l'antenato dell'anfibio.

I pesci Dipnoi, cominciano a tratti ad uscire dall'acqua trascinandosi ed usando le pinne come fossero zampe, mentre il "Gamberetto", possiede già zampe robuste: 365 milioni di anni fa, nascono gli anfibi.

355 milioni di anni fa, inizia il periodo Carbonifero che durerà 70 milioni di anni.

Nascono enormi piante, per il 98% di sola corteccia, compaiono le "Conifere". Nei mari compaiono i pesci a pinne lobate ed i "Cefalopodi", appaiono proto-squali e "Stegocefali".

340 milioni di anni fa, sulla Terra, appare la "Furca", munita da un piccolo organo saltatore, questa si trasformerà poi in cavalletta. E' questo il primo accenno di volo.

Per milioni di anni molte razze cercheranno di volare, alcune alla fine ci riusciranno, altre ci stanno tentando ancora oggi, con scarso successo, vedi il "Pinguino".

310 milioni di anni fa, in questo periodo nasce nei cervelli degli animali il "Neurone". E' un salto qualitativo nell'evoluzione di tutte le razze.

Potremmo dividere in due categorie gli esseri viventi, quelli con il neurone, chiamandoli di serie "A" e quelli senza, di serie "B".

Il neurone ha il compito di catalogare le esperienze vissute e permette di superare le difficoltà.

Il passaggio seguente è la coscienza ma questa è più difficile da definire e da catalogare, e pur facendo parte del cervello potrebbe trattarsi di un bagaglio spirituale.

Tornando al Neurone, questo ha due rami: Gagli e Dendriti con alle estremità le Sinapsi.

Presto alcuni animali aggiungono più neuroni al proprio cervello. Il "Calamaro" ne possiede uno solo con il Gaglio stellato e numerose Dentriti e Sinapsi.

290 milioni di anni fa, inizia il periodo Permiano durerà 40 milioni di anni ed il clima diventa secco.

In questo periodo i rettili assumono una nuova caratteristica: riescono a modificare la struttura delle loro uova che fino ad ora, hanno deposto in acqua, munendoli di guscio, li possono interrare, inoltre il nuovo uovo possiede due membrane una esterna a difesa delle impurità, l'altra interna, più resistente ma porosa che permette alla cellula di respirare.

Nel regno vegetale, la Lignina che abbiamo già conosciuta in precedenza, riveste ora anche i semi proteggendoli fino al periodo del germoglio.

Anche gli insetti scoprono tecniche di difesa quasi identiche, "l'olometabolismo" richiudendosi in grappoli fino a quando raggiungono la giusta energia per vivere, poi rompono il bozzolo e fuoriescono.

240 milioni di anni fa, inizia l'era Mesozoica secondaria, che vedrà i grandi rettili e le piante giganti.
Sulla Terra si sviluppano i pesci Dipnoi a doppia respirazione. Si sviluppano enormi anfibi.
L'attività vulcanica in questo periodo è spaventosa e l'enorme quantità di materiale piroclastico scagliato verso l'alto, crea una cappa che filtra non solo la luce, ma anche il vento solare favorendo la crescita degli animali.
230 milioni di anni fa, nascono serpenti, tartarughe e coccodrilli, appaiono i primi "Dinosauri".
Appaiono e le gimnosperme. I fiori attraggono gli insetti succhiatori, grazie a questi propagano i loro semi, altre piante sperano nei venti.
La pangea è di nuovo molto attiva, l'America del Sud, si stacca dal Gondwana, l'attuale Africa.
200 milioni di anni fa, nasce il primo mammifero.
Questo mammifero, per difendere il suo unico uovo, non lo trattiene nella sua pancia, lo difende, lo cura, ne assiste la schiusa.
E' un piccolo topo, con un tubercolo, un organo che conserva la cellula fecondata, è il primo abbozzo di utero, è la prima mamma.
Nascono poi i marsupiali che conservano la prole in un embrione, una sacca che è una specie di

grande utero dove crescere i figli, vedi i "Canguri".

Molti pesci altrettanto, sono i "Cicliidi", per timore dei predatori, incubano le uova nella bocca mentre "L'Ippocampo" li porta in una sacca incubatrice simile a quella del canguro.

Nella flora, non si registra nessun cambiamento particolare, mentre nell'aria appaiono i "Lepidotteri", gli "Imenotteri"e i "Ditteri", poi appaiono le api.

Questo 170 milioni di anni fa. Nascono gli "Ittiosauri", i "Vivipari" con pelle nuda e i coccodrilli.

150 milioni di anni fa, appaiono gli "Pterosauri".

140 milioni di anni fa, inizia il "Cretaceo". Appaiono le "Angiosperme", i semi di queste piante si trovano nelle ovaie, è un nuovo sistema riproduttivo.

135 milioni di anni fa, e Angiosperme raggiungono il massimo livello riproduttivo, 300 mila specie, divise in due calassi: Dicetiledoni e Monocotiledoni. Nasce il frutto.

130 milioni di anni fa, nei cieli, domina il "Pteranodonte" con la sua enorme apertura alare che raggiunge gli 8 metri.

100 milioni di anni fa, il numero di neuroni nel cervello dei rettili aumenta e raggiunge i 10/20

miliardi, troppo pochi per creare un bipede rettiloide che possa diventare antroposauro.

100 milioni di anni fa, il cervello diventa una macchina biochimica sodio/potassio, il suo sviluppo è notevole, ma nell' "Ipotalamo" resta presente la zona "R" il ricordo dell'antenato rettile, che esiste ancora oggi in noi.

E' questo fattore che crea l'odio e l'aggressività e che ancora oggi, alberga negli esseri umani.

E' in questa zona del cervello che si producono le "Endorfine".

Queste Endorfine producono il loro effetto benefico sulle piante, ma in altre creano il contrario.

Sempre le Endorfine hanno contribuito alla creazione della coscienza negli esseri viventi.

Ma chi le ha piantate sulla nostra Terra? Lo vedremo più avanti.

70 milioni di anni fa, inizia l'era Cenozoica o Terziaria.

67 milioni di anni fa, la caduta di un asteroide nello Yucatan, causa un cratere di 200 chilometri, lo "Chicxulub" oggi in parte sulla terra ferma e in parte in mare.

L'asteroide possedeva un diametro di 10 chilometri, causando un esplosione 100 miliardi di volte superiore a quella atomica di Hiroshima, 200

gigatoni di anidride solforosa, creando una cappa termica che durò 12 anni, la temperatura media del pianeta scese sotto i 12° e causò anche la più famosa estinzione di massa della storia, quella dei "Dinosauri".
L'atmosfera della Terra subisce un momentaneo mutamento, facendo piovere acido solforico, come attualmente sul pianeta Venere.
L'estinzione dei grandi sauri fu istantanea. Scomparvero per sempre i colossali Diplodochi, gli spaventosi Tirannosauri, i Triceratopi ecc.ecc.
Questa immane distruzione, ha lasciato, come testimonianza, enormi distese di ossa, vedi quella del deserto del Tenerè, chiamato dei serpenti di pietra proprio perché dalla sabbia, a tratti, il vento fa apparire le loro vertebre, che sembrano appunto serpenti.
65 milioni di anni fa, il mammifero prende piede in tutto il mondo, appaiono gli uccelli con il becco e le proto-scimmie.
60 milioni di anni fa, nascono le Alpi e gli Appennini.
55 milioni di anni fa, inizia l'Eocene. Nella flora dominano le angiosperme, che non muteranno più.
50 milioni di anni fa, il regno animale ha esaurito la sua evoluzione, da questo momento, i nostri antenati, gli "Emuri", domineranno la Terra.

40 milioni di anni fa, il cervello degli Emuri, ha sviluppato un volume di 125centimetri cubi e possiede 5 miliardi di neuroni.

I neuroni nell'uomo, si formano dopo il concepimento alla velocità di 250.000 al minuto, fino al momento della nascita.

37 milioni di anni fa, inizia l'Oligocene.

Dagli Emuri, ecco le direzioni prese dalle scimmie: i Pongidi, che avranno come seguito il "Gibbone", gli "Oranghi", gli "Scimpanzè", con un cervello di 575 c.c. i "Gorilla" con 685 c.c.

La seconda diramazione produce gli "Oreopitechi" con 400 c.c. che dopo 10 milioni di anni si estingueranno senza aver avuto evoluzione, mentre la terza diramazione creerà l'Ancien Member Ominidea, con 610 c.c.

Voglio precisare che non sono i centimetri cubi del cervello a determinare l'intelligenza di un essere, ma il numero di neuroni che il suo cervello possiede. 28 milioni di anni fa, appaiono i felidi, potenti, possenti, veloci ed aggressivi.

26 milioni di anni fa, ha inizio l'evoluzione del terzo gruppo, troviamo il "Proconsole" che vive sulle piante ed è ancora quadrupede.

22 milioni di anni fa, inizia il "Miocene", i mari in Italia, si erano innalzati, coprendo la Pianura Padana fino a Verona.

20 Milioni di anni fa, in Toscana, vivono le scimmie Oreopiteche, che poi si estingueranno.

Visitatori dallo spazio

Come abbiamo osservato in precedenza, la veloce espansione dello spazio, favorì alcuni esseri extraterrestri nella loro evoluzione tecnologica, alcune di queste avevano già imparato a viaggiare da stella a stella, già quando il nostro pianeta era ancora invivibile.
3 miliardi di anni fa, alcuni visitatori extraterrestri, scesero sul nostro pianeta per scoprire lo stato evolutivo dello stesso.
Scelsero come punto di atterraggio quello che oggi è il nostro Sud Africa e dove oggi sorge Wonderstone.
Si accorsero che la zona era ricca di minerali, si misero subito al lavoro per ricavarli.
Costruirono sferette di 70/80 centimetri di diametro che poi magnetizzarono al fine di utilizzarle per le loro navi volanti e che sarebbero servite per vincere la gravità dei pianeti da visitare.
Oggi queste sfere, sono state sostituite con sfere più grandi o cilindri che fanno da amplificatori dell'antimateria, sempre per lo stesso fine.

Durante la lavorazione di queste sfere, il tempo peggiorò, i fulmini caddero abbondanti e per non rischiare la vita, dovettero partire precipitosamente. Questa partenza rapida, impedì loro di raccogliere tutto ciò che avevano prodotto. Alcune sferette furono lasciate sul terreno.
Oggi in quel punto, l'uomo aprì delle miniere e sotto alcuni giacimenti, i minatori le trovarono e le portarono alla luce.
Sono 200 queste sferette recuperate, hanno 7 centimetri di diametro, sono di colore blu, con sfumature rossastre, sono composte di nichel ed acciaio.
Portate nel museo della zona, il prof, Roel Marx, che le ha analizzate, ha dichiarato che le sferette, ogni tanto si mettono misteriosamente a ruotare su se stesse.
L'effetto è attualmente inspiegabile, ma la cosa più incredibile è che le sferette, chiaramente manufatti e non create dalla natura, hanno 3 miliardi di anni.
Un recipiente d'argento a forma di campana, finemente lavorato, è stato ritrovato a Dorchester nel Massachusetts (Stati Uniti). La sua datazione risale a un miliardo di anni fa.
Un'impronta di scarpa con legatura, viene rinvenuta nel Nevada, risale a 150 milioni di anni fa.

Gli extraterrestri colonizzano la Terra

I pianeti del Sistema Solare che ospitarono per primi la vita umana, furono Marte, il pianeta poi disintegratosi che sta fra Marte e Giove, e il pianeta Nibiru. Il pianeta che è stato distrutto, lo abbiamo chiamato in molti modi: Mallona, Tiamat, Marduk, Feton, ma il suo vero nome non lo sapremo mai.

Sappiamo che la sua distruzione è avvenuta circa 67 milioni di anni fa, e che questa distruzione, creò la fascia degli asteroidi.

Sappiamo che un frammento di questo pianeta, precipitò sulla Terra causando l'estinzione dei Dinosauri.

Ma le guerre tra gli abitanti di questi pianeti erano cominciate prima.

Gli esseri di luce, extraterrestri extrasolari, non poterono evitare queste guerre. Si limitarono a monitorare questi esseri bellicosi, cercando di impedire che propagassero il loro odio al di .fuori del Sistema Solare.

I segreti del volo extra solare non fu mai dato in pasto a loro, proprio perché non sconfinassero verso pianeti di altre stelle.

La tecnologia concessa a loro era di poco superiore a quella che abbiamo raggiunto noi oggi.

Potevano dunque volare solo da un pianeta all'altro. Possedevano armi terribili di poco inferiori a quelle possedute dagli extraterrestri extrasolari, conoscevano l'atomica e armi soniche, laser e armi allucinogene.

Gli esseri di luce, temevano che potessero distruggere i pianeti del sistema solare, e non si sbagliavano.

Quando Feton o Tiamat fu distrutto, il timore divenne realtà, ma a dare il colpo di grazia a questo pianeta già indebolito dai combattimenti, fu lo scontro con il pianeta Nibiru che intersecava la sua orbita proprio dove ora resta come ricordo la fascia principale degli asteroidi.

I Sumeri dicono che possedeva 9 lune, non ne siamo sicuri, probabilmente Cerere e Pallade, i più grandi asteroidi della fascia principale potrebbero essere veramente le lune del pianeta distrutto.

Le sue dimensioni non dovevano superare quelle della Terra, probabilmente aveva un diametro simile a quello di Marte o di poco superiore.

Tornando agli esseri di luce, dopo questa distruzione ci fu un consiglio della Fratellanza della nostra galassia e si decise che capi di Marte lasciassero il loro pianeta e venissero esiliati.

L'esilio avvenne ma non prima di aver combattuto un'altra guerra intestina.

Nel frattempo su Marte si erano formati due governi, quello dell'Est nella zona di Utopia Planitia e quella dell'Ovest nella zona di Cydonia Mensae.
Lo scontro fu terribile, e un missile colpì Cydonia, sfiorando la grande piramide che noi chiamiamo D&M, creando un buco del quale non si vede la fine.
Il resto dello scontro avvenne nell'Ares Vallis, dove ancora oggi si trovano i resti del combattimento.
900.000 anni fa, i falchi dei due governi di Marte, per ordine degli esseri di luce, intrapresero un viaggio verso altri pianeti del sistema solare alla ricerca di un sito ospitale.
Oltre a Marte, dove fu vietato a loro di insediarsi, per evitare altri scontri, esisteva solo la Terra, visto che Venere era inospitale, come sembra esserlo ancora oggi.
Quelli di Utopia, scesero in un continente situato nell'Oceano Pacifico e fondarono la civiltà chiamata da noi di "Mu", mentre quelli di Cydonia, si insediarono in un arcipelago nell'Oceano Atlantico, dando origine alla civiltà d'Atlantide.
Per un po' le due fazioni vissero in pace senza mai perdere la loro indole bellicosa.
Sulla Terra, gli esseri umani, non avevano ancora avuto uno sviluppo, non avevano ancora raggiunto

il livello dei Sapiens, avevano lineamenti scimmieschi, pur non derivando dalle scimmie, non possedevano il broca nel cervello e dunque non avevano la capacità di avere un linguaggio, si capivano tra loro solo con grugniti, mangiavano carne cruda e dall'Africa si erano spostati, migrando fino a raggiungere la Cina, la Polinesia, passando per il medio oriente. Questi erano i Pitecantropi ed i Sinantropi.

Una delegazione degli esseri di luce, raggiunse la Terra, e ordinò ai capi di Mu e di Atlantide, di istruire e di evolvere queste razze primordiali, usando sistemi democratici e socialmente leciti, senza togliere loro la libertà.

Gli invasori della Terra accettarono i consigli degli esseri di luce ed ebbero in cambio da questi un manuale spirituale, un libro sacro universale, con la condotta da seguire, valida per tutti esseri dell'universo.

Intanto però su Nibiru, lo scontro avvenuto con Feton, aveva creato un danno quasi irreparabile nell'atmosfera del pianeta.

Gli abitanti abituati a vivere nel sottosuolo a causa delle temperature superficiale del pianeta, per quasi la totalità della sua orbita intorno al Sole, che era di 3.600 anni, temendo che l'indebolimento dell'atmosfera, portasse alla distruzione pure del sottosuolo, distruggendo la loro civiltà, studiarono un modo per risanare l'atmosfera stessa.

Nel frattempo non si placarono i dissidi interni, tra fazioni politiche.

Si decise allora di eleggere un capo assoluto, per evitare disordini, e si elesse come re, An capo della prima dinastia.

An sposò An-Tu, che ebbero tre figli, An-ki ed An-ib, poi il re An ebbe un terzo figlio da una seconda moglie: Enuru.

An-Ki, diventa per successione, come primogenito di An, secondo re di Nibiru, e muore senza avere discendenti, il suo posto venne preso da da An-Ib come secondogenito di An divenendo terzo re di Nibiru, sposerà Nin-Bi figlia di Enuru, e da questa unione, nascerà An-Shar-Gal che diventerà quarto re di Nibiru e sposerà poi Kishar-gal. In quei tempi non esistevano problemi causati dagli incesti.

Il quinto re diventa Anshar che sposa Kishar, 560.000 anni fa, il sesto re è En-Shar che sposa Nin-Shar, il settimo re fu Du-Uru che sposerà Daura.

L'ottavo re fu Lahma, un bimbo adottato da Du-Uro che viene poi ucciso da un principe ribelle di nome Alalu "l'esurpatore", che diventa così il nono re di Nibiru. 455.000 anni fa; Alalu fu deposto, sarà Anu a deporlo e proclamandosi decimo re di Nibiru.

Alalu viene esiliato, gli viene data una nave volante e gli viene imposto di andarsene in direzione del Sole alla ricerca di un pianeta abitabile.

La difficoltà più grande per lui è superare la fascia degli asteroidi che viene chiamata dagli abitanti di Nibiru: "Bracciale martellato".

Una breve fermata su Marte, convinse Alalu che il pianeta rosso era ormai quasi inabitabile, la sua atmosfera, a causa dell'effetto serra si era trasformata e l'anidride carbonica aveva preso il sopravvento sull'ossigeno.

Dunque il prossimo appuntamento era la Terra, dove quelli di Marte avevano trovato ospitalità, ma Alalu questo non lo sapeva.

L'atterraggio di Alalu portò il ribelle nel Golfo Arabo, dunque molto distante rispetto ai Mu e agli Atlantidi.

Appena adattatosi all'ambiente, Alalu fece una grande scoperta, mentre stava filtrando l'acqua di un ruscello, scoprì che sul fondo del suo setaccio restavano pagliuzze d'oro, e ben conscio che gli scienziati di Nibiru avevano scoperto che l'oro polverizzato avrebbe fatto da scudo all'atmosfera del pianeta, corse alla radio trasmittente della sua nave volante ed avvertì i dirigenti del suo pianeta, della grande scoperta che aveva fatto.

La risposta non tardò ad arrivare. Alalu ebbe la rassicurazione che una flotta cargo sarebbe stata mandata sulla Terra che loro chiamavano "Ki".

Il re Anu, manda il suo figlio Enki, con la sua flotta, sulla Terra a constatare se Alalu ha detto il vero.

Così 445.000 anni fa scendono sulla Terra Enki con 600 Anunnaki, sono uomini

di Enki, operai, minatori, tecnici, scienziati, ufficiali dell'esercito e soldati. Creano la prima miniera nella zona indicata da Alalu. intanto Alalu traccia i confini di una nuova città, Eridu, ed Enki la abita con i suoi uomini.

L'oro ricavato dai fiumi, non è in quantità rilevante. Il primo carico d'oro, viene

spedito su Nibiru, ma è troppo poco per riparare l'atmosfera del pianeta.

Poi Enki scopre una zona a Sud-Est dell'Africa da loro chiamata "Abzu" che risulta essere ricca di oro minerale ricavabile dalle rocce.

Le miniere lavorano giorno e notte, ed un secondo cargo viene spedito verso Nibiru, la quantità d'oro ricavata, è questa volta rilevante.

Ma il lavoro in miniera è pesante, gli Anunnaki si lamentano, i capi di Nibiru che da questo

momento, per differenziarli dagli Anunnaki e dagli Igigi loro piloti, li chiameremo Nefilim, (angeli caduti), naturalmente esseri mortali e non di puro spirito come gli angeli, forniscono ai minatori degli strumenti simili a martelli pneumatici, per diminuire la loro fatica nel lavoro.
Ma questo non basta e gli Anunnaki minacciano di scioperare. A questo punto, i Nefilim capi di Nibiru, decidono di tentare un esperimento che possa creare un essere che non prova fatica nel lavoro, e che non si ribelli ai loro capi.
Questa decisione, mette in guardia gli esseri di luce che monitorano continuamente gli abitanti di Nibiru e i colonizzatori della Terra.
Enlil, fratello di Enki, arrivò sulla Terra durante la seconda spedizione di oro, e comunicò a suo padre Anu, tramite il suo luogotenente Alalgar ciò che sulla Terra stava succedendo.
Anu, allora scese sulla Terra e volle constatare di persona la situazione.
Dopo l'ispezione, Anu, decise di creare un dopolavoro, per gli Anunnaki, in un posto paradisiaco nell'attuale Iraq, tra i fiumi Tigre ed Eufrate, e lo chiamò Eden.
Ecco l'elenco dei dirigenti della delegazione di Nibiru sulla Terra: Anu, decimo re di Nibiru, Enki ed Enlil figli di Anu, Anzu, pilota di Enki, Engur,

tecnico delle acque, Embilulu, esperto in botanica, Alalgar, luogotenente di Enlil, Kulla, esperto in costruzioni edili, Enkimudu, geografo, Guru, erborista, Mu Shdammu, costruttore edile, Ningirsig, costruttore navale, Ulmash, esperto zoologo, studioso di pesci ed uccelli, Enursa, esperto in serpi ed animali feroci, Abgal e Nungal piloti dei dei carghi, Ninmah, sorellastra di Enki, Ninlil-sud, figlia di Ninmah, Isimud, visir di Enki, Ennugi, capo ufficiale degli scavi in miniera e capo degli Anunnaki, Nuska, visir di Enlil, Karisal, guardiano della miniera ed Ilabrat, visir di Anu.

Siamo così giunti a 430.000 anni fa. L'arrivo di Anu sulla Terra scatenò Alalu che rivendicò di essere stato lui a scoprire per primo l'oro sul pianeta e di non aver ancora ricevuto una ricompensa.

Avvenne allora un nuovo scontro tra i due, prima in cielo, sulle loro macchine volanti, e poi sulla Terra, dove si scontrarono a viso aperto.

Alalu, vistosi battuto si finge morto, ma quando Anu gli si avvicina, lo ferisce gravemente.

Anu, viene soccorso e salvato dalla morte, mentre Alalu viene esiliato nuovamente, questa volta su Marte.

La sua situazione è drammatica, grave per le ferite riportate in combattimento, morirà sul pianeta rosso, assistito da Anzu, pilota di Enki.

Dopo la morte di Alalu, Anzu, con un raggio, imprime sulla roccia l'immagine del volto di Alalu, poi anche Anzu viene trovato morente su Marte a causa dell'inospitalità del pianeta e viene salvato da Ninmah, la dottoressa dei Nefilim.

Sulla Terra Enlil sposa Ninlil-Sud e dalla loro unione, nasce il figlio Nannar, mentre dall'unione tra Enki e Damkina, nascono: Nergal, Gibil, Ningal, Dumuzzi e Ningishzidda. Nannar, sposerà Niagal, e dall'unione nascerà Inanna (la dea Ishtar). Nergal, si unirà con Ereshkigal, mentre Inanna, sposerà Dumuzzi.

423.000 anni fa, vengono fondate le città di Lagash, Shurabach e Nibru-ki. E' questo il periodo in cui nasce il contenzioso tra Enlil ed Enki: Enki, accusa il fratello, di aver abusato di una vergine di nome Ninlil-Sud.

La ragazza abusata è figlia di Ninmah, che è a sua volta figlia di Anu e sorellastra di Enki e di Enlil; Enlil, viene esiliato, ma Abgal, gli mostra un luogo segreto dove Enki ha nascosto le armi di Alalu.

Poi Enlil torna e decide di sposare la vergine di cui ha abusato, e dalla quale sta per avere un figlio.

Intanto Anzu, viene condannato a morte dagli Igigi (i piloti dei Nefilim), ma poi perdonato, e con alcuni amici tenta un vero colpo di stato contro Enlil, per divenire re della Terra e di Marte.

Ninurta si mette con Enlil, contro Anzu, lo cattura e lo farà giustiziare e poi seppellire su Marte a fianco di Alalu. 410.000 anni fa, mentre Enki, procede verso l'interno e fonda la città di Larsa.

Poi arriva Enlil che fonda Nippur come centro di controlla della missione. 360.000 anni fa, viene fondata Bad-Tibiru, la città dell'oro e il primo porto spaziale, Sippar, ancora visibile oggi e dove potrebbe comodamente atterrare un bombardiere dei nostri tempi.

300.000 anni fa, avviene il primo sciopero della storia, gli Anunnaki, ormai esausti, decidono di incrociare la braccia. Allora, i Nefilim, mettono in pratica il progetto di creare l'uomo che non prova fatica.

Ora, abbandoniamo per un momento la storia dei Nefilim di Nibiru e torniamo agli Atlantidi che avevamo lasciato 900.000 anni fa.

Questi costruirono sette grandi città, la capitale è Poseidone, la città dalle porte d'oro, a nord delle isole, costruiscono una città ad oriente sull'isola di Ruta e a sud sull'isola Antlia, tutte isole ora sommerse.

Giungono poi nell'attuale Canada e formano la Laurentia senza mai sottomettere le popolazioni native della Terra.

Le grandi città degli Atlantidi, sono: Irosa, Terna, Marzeus, Corosa, Numea e Caiphul.

Avevano una flotta aerea che permetteva loro di viaggiare nei cieli terrestri alla velocità 10 volte superiore a quella del suono, e nello spazio a 100.000 chilometri all'ora.

Conoscevano i raggi X e pure la televisione, che chiamavano Naima.

Passando dalla Florida, conquistarono prima l'America centrale, poi quella meridionale.

Fondarono la seconda città dalle porte d'oro, Thiahuanaco ed un'altra nella giungla del Mato Grosso, chiamata Zeta.

Facciamo un altro salto ed andiamo dai Mu.

Questi rimangono più appartati e si dedicano allo studio ed alla contemplazione, Giungendo a Nord fino alla Cina, dove addomesticano il Sinantropo e a sud gli abitanti della Lemuria, tutti pitecantropi.

Quindi brillano per la loro umanità nei confronti dei nativi della Terra, soddisfacendo gli esseri di luce, e seguendo i loro insegnamenti.

Infine torniamo nei nostri viaggi ai Nefilim dove 296.000 anni fa, comincia l'esperimento genetico per ottenere l'uomo da utilizzare in miniera.

Il primo tentativo, fu quello di fecondare una femmina di pitecantropo, con un atto carnale, ma la femmina non rimase incinta, allora si passò alla fecondazione artificiale, l'ovulo della femmina fu fecondato e poi rimesso nella bipede che rimase incinta.

La femmina di pitecantropo partorì, l'uomo nacque metà Pitecantropo e metà Anunnaki, ma non parlava, emetteva solo grugniti, non possedeva il broca nel cervello.

Il terzo esperimento, portò alla creazione di un essere più simile agli Anunnaki, ma era sordo e vedeva male.

Migliaia furono i tentativi, ma gli esseri che nascevano, erano sempre imperfetti.

Alla fine, un ovulo di femmina bipede, fu introdotto in un contenitore d'argilla e fu mescolato col DNA di un Anunnaki estraendolo direttamente dal suo sangue ed il tutto venne inserito nel ventre della femmina bipede.

Nacque la perfezione a livello antropologico, era identico ad un Anunnaki, ma emetteva solo grugniti.

Si riprovò, ma questa volta l'ovulo fecondato fu inserito nel ventre di Ninmah. Il bimbo che nacque era perfetto ed in grado di parlare.

Ninmah, può essere così considerata la prima madre di uomo sapiens.

Adamo, il primo uomo sapiens, crebbe sano, l'unica differenza morfologica era il suo pene, che era ricoperto dal prepuzio, mentre gli Anunnaki, nascevano già circoncisi.

La circoncisione nacque come ricordo degli antenati Nefilim da parte degli antichi Sumeri, poi divenne una pratica igienica.

Vennero allora approntati sette contenitori di argilla e sette ovuli di femmine bipedi vennero inserite nei contenitori, il DNA del bimbo sapiens che fu chiamato Adamo, mescolato con una goccia del suo sangue venne mescolato nei contenitori, gli ovuli vennero quindi inseriti nel ventre di sette femmine Nefilim, il nome delle riproduttrici, erano: Ninimma, Shuzianna, Ninmada, Ninbara, Ninmurg, Musardu e Ningunna.

Nacquero sette maschi perfetti. L'operazione fu ripetuta, ma fu Ninki a portare il nascituro in grembo, fu una femmina partorita con il cesario, fu chiamata Ti-Amat, che significa la madre della vita, in ricordo del pianeta distrutto che i Nefilim chiamavano appuntoTi-Amat.

Purtroppo, i sette maschi e le sette femmine, dopo l'accoppiamento non riuscivano ad avere prole, allora dalla costola di Enki venne estratto il DNA ed inserito in quella di Adamo, mentre dalla costola di Ninmah, fu estratto il DNA ed inserito in quella di Ti-Amat, così Adamo e Ti-Amat avrebbero avuto prole. Ma prima di questa operazione, vennero condotti ad Eridu ed inseriti nel paradiso terrestre dove fu risparmiato loro ogni fatica essendo prototipi di sapiens, dopo di che, i Nefilim riuscirono a riprodurre gli uomini in serie, usando il sistema introdotto in Adamo e Ti-amat.

Questi uomini vennero impiegati in miniera e non si resero conto del loro stato di schiavitù, senza però patire la fatica.

Nel giardino dell'Eden i Nefilim tenevano sedati Adamo e Ti-Amat, usando l'endorfina di una pianta, piantata per rendere mansueti gli animali più froci, mentre da un'altra pianta che sortiva l'effetto contrario, vietarono i primi due uomini di cibarsi.

Satana si adirò e vedendo i risultati dell'operazione, si impossessò di Guru, uno scienziato Nefilim, (serpente, nella antica lingua sumerica significava scienziato malvagio) e temendo che Adamo e Ti-Amat dessero origine ad una razza perfetta e senza peccato, ordinò a Guru di tentare Ti-Amat al fine di farla mangiare dalla pianta proibita.

Guru ingannò Ti-Amat dicendole che se avesse mangiato da quella pianta, sarebbe diventata come Dio.

Ti-Amat, l'Eva, come venne chiamata in seguito, mangiò e poi dette da mangiare anche ad Adamo.

La melanina contenuta in quel frutto, fece svanire nei due il potere delle endorfine, e subito capirono in che condizioni vivevano.

Enlil, accortosi di ciò che era successo, invitò Adamo ed Eva Ti-Amat a lasciare l'Eden, dicendo loro: "Ora voi siete come noi, ma di una cosa vi prego, se in futuro vi capiterà di accoppiarvi, fatelo frontalmente come facciamo noi Nefilim, e non in modo animalesco come fanno i pitecantropi. Questo a ricordo di chi vi ha geneticamente creati."

Adamo ed Eva Ti-Amat lasciarono l'Eden e i loro figli, probabilmente si accoppiarono non solo fra di loro, ma anche con esseri bipedi inferiori, così che la nuova razza entrò in una fase di decadenza.

Tutto questo accadde circa 170.000 anni fa, la data della comparsa del uomo sapiens sulla Terra.

Ma il decadimento della razza nuova, creò un effetto che potremmo chiamare di Karma chiuso, impedendo a chi lasciava questo mondo di salire al paradiso di cui godevano gli esseri di luce.

Questi spiriti rimanevano come in un limbo in attesa che qualcuno li riscattasse da quel peccato originale, commesso dai loro antenati Adamo ed Eva Ti-Amat. Ma la razza creata dai Nefilim, è riuscita molto bene, i maschi alla fine del loro lavoro, trovano ristoro nell'Eden e le femmine crescono belle e attraenti.

Tanto attraenti che Enki, si invaghisce di due di loro e con loro si accoppia.

Nascono un maschio ed una femmina, il maschio si chiamerà Adapa e la femmina Titi, i due si accoppieranno e avranno due figli; Caino ed Abele. Questo accadde 118.000 anni fa, poi 103.000 anni fa, Caino uccide Abele, e viene esiliato con la sorella Awan, mentre Adapa e Titi ebbero altri figli fra i quali, Sati.

Adapa ebbe un figlio con Azura e gli mise nome Enshi, questi sposò Noam, nacque Kunin che sposò Mualit, da questi nasce Nalalu che sposerà Dunna, questo avvenne 92.000 anni fa, è in questo periodo che da Nibiru vengono importati, la pecora, l'agnello e il gatto, sono gli ultimi mammiferi apparsi sul nostro pianeta.

Da kunin nasce Irid che sposerà Baraka e da questa unione nascerà Enki-me che sposerà Edinni, Enki-me è il biblico Enoch.

La guerra tra Atlantide e Mu

77.000 anni fa, gli Atlantidi, vennero a conoscenza degli esperimenti dei Nefilim.
Dopo essersi invaghite delle figlie di Adapa, cercarono con esperimenti biologici di creare copie simili simili a quelle create da Nefilim.
Lo stregone atlantideo Oduarpa, associato al culto di Pan, fonda la "Grotta Nera", in opposizione della Grotta Bianca iniziatica.
Gli esperimenti continuano e Oduarpa crea una razza di creature mostruose, metà uomo e metà animale, è da qui che nasce la leggenda del Minotauro e del Centauro, ma i saggi di Mu, capitanati da Vaivaswata, detto il re del mondo, muovono con i loro vimana contro Atlantide.
Lo scontro è terrificante, la città di Daitiya è completamente distrutta e sommersa, di Ruta si salvò solo una piccola parte dell'isola, il comandante degli Atlantidi Semyaza, assoldò uomini della Terra, discendenti di Atlantide e fu la strage.
Un missile chiamato Agneya, partì da un vimana di Mu ed incenerì un intero esercito. Le tenebre avvolsero la terra di Atlantide, migliaia di velivoli caddero, le acque del mare ribollirono, quelli che rimasero in vita, furono inceneriti da un'arma

chiamata "Fulmine di metallo", i sopravvissuti persero i capelli e le unghie a causa delle radiazioni.
Il bunker dove erano asserragliati gli ufficiali di Atlantide, venne distrutto da un arma composta di antimonio.
Un gruppo di Igigi, approfittando del caos, entrò in guerra per divenire padroni del mondo, lanciarono un missile terribile verso il re del mondo, ma prima che la sua nave venisse colpita, un'arma sismica rese il missile degli Igigi innocuo, mentre un'altra arma di Mu chiamata Durgastra disintegrò il vimana degli Igigi. I Nefilim stettero a guardare senza intervenire, ma il combattimento terminò quando quelli di Mu lanciarono un arma tra le più terribili dell'universo, il Vaishnastra, le navi dei comandanti di Atlantide precipitarono e pur eiettandosi, vennero catturati, arrestati e poi con l'aiuto degli esseri di luce trasportati su un pianeta delle Plejadi e imprigionati.
I loro nomi erano: Semyaza, il comandante, Azazel il suo luogo tenente, Arekiba, Ramael, Kokabiel, Taniel, Ramiel, Danel, Ezequeel, Baraglial, Aseel, Armaros, Batarel, ananel, Zaqiel, Samsapeel, Satarel, Turel, Jomiael, Sariel e Arazeal, tutti ufficiali. Questi nomi sono stati dati a loro da Enoch, che li chiama angeli caduti.

In totale, questa guerra costò la vita a 60 milioni di uomini.

Quando l'arcangelo Michele portò in cielo per la prima volta Enoch, gli mostrò la distruzione causata dal conflitto ed un satellite artificiale che serviva per purificare l'atmosfera danneggiata e inquinata dalle armi atomiche, chimiche e batteriologiche dei contendenti e messo in orbita dagli esseri di luce.

Marduk, figlio di Enki, sposa Sarpanit, da loro nascono Osiride, Set e Nabu.

Gli Igigi di ritorno da Marte, invitati al matrimonio di Marduk, si invaghiscono delle femmine terrestri, le rapiscono e le portano su Marte, in una loro base protetta e vivibile.

Nasce Malushar, il biblico Matusalemme, che sposa Ednat, dalla loro unione nasce Lamech che sposò Batanash.

58.000 anni fa, muore Adapa, l'Adamo biblico, quello nato dal rapporto di Enki con le femmine terrestri, era nato 118.800 anni fa, dunque visse 60.800 anni. Queste lunghissime durate delle vite sono dovute al fatto, che questi esseri erano discendenti dei Nefilim.

Passando le generazioni, queste durate si abbassano sino a divenire quelle odierne.

Dall'unione di Lamech con Batansh, nacque Ziusudra, il Noè biblico.

Questi fu il primo uomo bianco della Terra, in precedenza la carnagione dei discendenti dei Nefilim, era più scura, questo accadde 49.000 anni fa.

Il comandante su Marte divenne Shamgaz (N.B.: A Vladimir in Unione Sovietica, viene scoperto il corpo di un cacciatore di mammut, era un uomo alto che indossava scarpe, calzoni e pelliccia e che catalogava gli ossi degli animali cacciati).

38.000 anni fa, scompare dall'Europa l'uomo di Neanderthal, la causa, sono le temperature troppo basse e la debolezza della struttura di questi uomini. Continuano a vivere invece i Cro-Magnon, che sono simili a noi, dunque sapiens.

26.500 anni fa, inizia la terza distruzione di Atlantide.

Le già minate poche isole rimaste, vengono sommerse da un terribile tsunami, causato da un'ondata proveniente da Nord, e prodotto probabilmente dal passaggio ravvicinato della cometa di Halley. 23,600 anni fa, Marduk da inizio alla costruzione della grande piramide di Giza che noi chiamiamo erroneamente di Cheope.

Nella terra del Nilo, si sviluppa l'agricoltura del popolo degli Isnan.

20.000 anni fa, Kara Koto, è una colonia splendente dei Mu sull'isola di Pasqua. Si costruiscono i "Moa" che devono ricordare i grandi condottieri di Mu, gliabitanti dell'isola, hanno barba e capelli rossi.
Da Sirio arrivano i "Dropa" che si insediano nel Tibet.
18.600 anni fa, nasce ufficialmente la civiltà Azteca, derivano dagli Aztlan, gli atlantidi.
I successori di Adapa, si spingono fino in Francia dove, dipingono artisticamente le grotte di Coscher e Cassise (a Uighur, in Mnciuria, è stato ritrovato un dipinto raffigurante una coppia di sovrani di Mu, con un simbolo raffigurante la M in un cerchio, diviso da quattro settori).
16.000 anni fa, viene costruita l'ultima parte della mitica città di Tiahuanaco. 15.000 anni fa, gli Schwarta, una razza extraterrestre proveniente da un pianeta della stella Vega, si insediano a Pantiacolla e con l'aiuto degli Indios Ugha Mongulala, costruiscono 12 piramidi gigantesche, simili a quelle di Giza e fotografate per la prima volta da un satellite della NASA nel 1976.
Questi Schwarta ed altri extraterrestri extrasolari, si insediano sul nostro pianeta, per concessione degli esseri di luce e della Fratellanza Cosmica Universale.

Impiantano basi stabili, e controllano lo sviluppo dell'umanità terrestre.

E' risalente questo periodo la mappa celeste ritrovata a Bohistan, nell'Himalaya, che riporta le stelle nella posizione originale del tempo.

Gli autori sono i Dropa, giunti in questa regione 20.000 anni fa e che si accingono a partire, per tornare sul loro pianeta d'origine.

Iniziano i calendari egizi ed assiri.

L'era del diluvio

Basandoci sulle date lasciateci dai Nefilim, possiamo stabilire che il diluvio è avvenuto 13.000 anni fa, 11.000 anni A.C.

Una terribile siccità colpì la Terra in quel tempo.

Le effemeridi redatte redatte dai Nefilim, non lasciavano scampo, il pianeta Nibiru, dopo aver superato il punto d'incrocio con l'ex orbita di Feton ed ora degli asteroidi della fascia principale, avrebbe sfiorato Marte e la Terra creando grandi sconvolgimenti.

La siccità in corso, non era altro che la calma prima del diluvio.

Stava per finire la terza glaciazione quella chiamata di Wurm, durata quasi 200 mila anni.

La pressione gravitazionale e l'effetto mareale causata da Nibiru, stacca di netto il ghiaccio dell'Artide che si estende fino all'Inghilterra e la Scandinavia.

L'acqua dei mar, è sollevata in un turbine, e poi scaraventata al suolo.

Ma andiamo per gradi. Appare in questo periodo, un misterioso personaggio che si presenta con il nome di Galzu e si definisce ambasciatore del re di Nibiru, Anu.

Galzu prende contatto con Enki ed Enlil, che però non lo conoscono.

I figli di Anu, credono a ciò che racconta Galzu. Ben presto, il misterioso personaggio, prende contatto con Ziusudra, il Noè biblico e gli spiega che presto capiterà un cataclisma di immane dimensione.

Gli consegna poi un progetto per la costruzione di una nave sommergibile che anche se dovesse essere interamente sommersa, non subirebbe danni e potrebbe resistere ad enormi pressioni.

Gli consegna poi un numero grandissimo di provette vetrose contenente i semi di molti animali che abitano la Terra. Nel caso in cui, dopo il diluvio, alcune razze dovessero risultare estinte, si potrebbe ricostruire le mancanti, con la biologia, usando i semi conservati in queste provette.

Più Nibiru, si avvicinava alla Terra e più aumentavano i disagi. La catastrofe, viene divisa negli antichi testi mesopotamici in sei Sha-At-Tam che significano anni di Anu.

Sapendo che l'anno di Nibiru, fu diviso in dieci parti da An-Tu, la moglie del primo re, e che ogni parte valeva 300 anni, a sua volta divisi in tre parti, che sarebbe il tempo dell'intersecazione dell'orbita di Feton, quella dell'avvicinamento, passaggio al perielio, quella del ritorno, raggiungimento dell'afelio, ogni parte, durerebbe 120 anni, detto: anno di Anu.

Nella Bibia, Dio parla a Noè e gli dice che i giorni dell'uomo sono ormai segnati e rimangono solo 120 anni alla catastrofe.

Noi sappiamo che a parlare a Noe-Ziusudra, fu Enlil, e che l'anno in questione corrispondeva a 12.840 anni fa dall'anno 2.000 e 12864 anni fa dal 2024, anno in cui sto scrivendo questo libro.

Nel primo Sha-At-Tam, l'uomo mangiò l'erba della Terra, vi fu una grande carestia.

Nel secondo Sha-At-tam, aumentò la sete, ci fu una grande siccità.

Durante il terzo Sha-Ar-Tam, gli uomini cambiarono i loro lineamenti a causa della fame.

Nel quarto Sha-At-Tam, i visi degli uomini sembravano verdi, camminavano ingobbiti per le strade, le loro spalle si erano ormai ristrette.
Durante il quinto Sha-At.Tam, le madri chiudevano le porte in faccia alle figlie, e queste le spiavano per vedere se mangiavano di nascosto.
Quando arrivò il sesto Sha-At-Tam, le madri mangiavano le figlie, una casa divorava l'altra, fu in questo momento che Enlil si accorse che il fratello Enki, aveva aperto i forzieri contenenti le riserve di cibo dei Nefilim e degli Anunnaki, e che le aveva date al popolo affamato.
Enlil, crudele fino all'inverosimile, aveva posto su navi speciali spaziali, i suoi fedeli, a protezione delle scorte.
Adad sorvegliava le regioni Nord del paese, Sin e Nergal quelle centrali, al fine che la popolazione perisse col cannibalismo e non avesse scampo senza poter fuggire.
Si riunirono allora tutti i capi Nefilim e Anunnaki, e votarono sul destino dell'uomo.
Anu, votò per la distruzione totale dell'umanità, così fecero anche i suoi figli, Enki disse di non voler votare, poi accettò.
Si prepararono allora per abbandonare la Terra, diretti verso Marte, che era uscita incolume dal passaggio di Nibiru ma avevano fatto i conti senza

Galzu. Nello stesso periodo gli Shwarta abbandonarono l'Amazzonia, partendo per il loro pianeta a sua volta minacciato da una razza extraterrestre di Grigi.

Anche i Dropa abbandonarono il Tibet, quelli rimasti troveranno la morte a causa della catastrofe.

Noè entra nell'arca con i figli Shem e Yafet.

Comincia dunque il diluvio. Gli tsunami si susseguono e solo dopo 150 giorni, cesseranno e le acque cominceranno a ritirarsi. L'arca si arenò sul monte Ararat. Ma non solo le terre di Nefilim vennero distrutte, le piramidi d'Egitto, vennero inondate, Mu fu quella che ebbe la peggio, fu sommersa e i continui tsunami la minarono, poi in una notte sprofondò e si salvò solo la colonia di Mu dell'isola di Pasqua.

Mu scomparve in una notte con 54 milioni di persone che perirono, famosa fu la maledizione del grande sacerdote di Mu e ritrovata incisa sulle tavolette indiane Naacal, che maledice la popolazione e che a causa del suo degrado morale, dovrà subire le ira della dea Baal, considerato anche dai Cananiti, il dio delle tempeste e dei venti.

L'ondata partita da Nord, causata dallo scioglimento dei ghiacci, investì Atlantide, facendo scomparire le ultime isole.
La catastrofe fu così grande,che l'asse terrestre subì uno spostamento, dando origine al cambiamento climatico che causò l'estinzione dei Mammut.
12.200 anni fa, gli Shwarta, dopo aver vinto i Grigi sul loro pianeta, rimandano una delegazione sulla Terra.
I Grigi, allora, vengono sulla Terra alla ricerca degli Shwarta, per vendicare la loro sconfitta subita.
Ritornano anche i Dropa sulla Terra, acerrimi nemici dei Grigi di Zeta Reticuli. Le due razze si scontrano nei cieli del Tibet, allora giungono a dare manforte ai Dropa, gli Shwarta.
Nel combattimento, alcune navi Dropa caddero, precipitando nei pressi di Baian-Kara-Ula, zona montuosa fra Cina e Tibet.
Gli zeta reticuliani, vengono annientati, ma alcuni Dropa non riescono a ripartire, e cominciano ad abitare le grotte della zona, che spartiscono con gli abitanti locali.
Questi abitanti vivono allo stato semi preistorico, in principio, cercano di difendersi con armi rudimentali, poi diventano amici dei Dropa.
Sono questi gli Han, colonie di Mu.

I Dropa, lasciano 716 dischetti di pietra, con incise delle spirali che raccontano la storia del loro pianeta, e le battaglie sostenute a difesa delle razze più deboli contro le invasioni dei Zeta reticuliani.

Dopo parecchi anni, sia i Dropa che gli Shwarta ripartono per i loro pianeti di origine e ritornarono solo 3.000 anni fa.

Mentre gli Shwarta sono alti due metri e di carnagione bianca, i Dropa sono dei lillipuziani di un metro e venti d'altezza, magri, macrocefali e di carnagione giallastra.

11.500 anni fa, viene restaurata la sfinge di Giza, danneggiata dal diluvio, la testa di leone viene sostituita da quella con volto umano.

Come già citato, i Nefilim, durante il diluvio, si erano rifugiati su Marte, di tanto in tanto, venivano sulla Terra per controllare se il genere umano avesse ripreso possesso del pianeta.

Enki scoprì che Noè Ziusudra, era riuscito a salvarsi e con lui, tutta la sua prole. Fu allora accusato da Enlil e da Anu, di avergli svelato il segreto del diluvio, ma Enki dichiarò di non essere stato lui ma bensì il fantomatico Galzu.

Intanto, Inanna (Ishtar) continuava ad avere apparizioni in sogno di Galzu che gli parlava in nome del Dio del principio, creatore dell'universo.

Da questo momento Inanna comincia a capire i limiti della sua razza, e l'impotenza dei Nefilim nei confronti del vero Dio.

Inanna da quel momento si isola e comincia a predicare fra i suoi simili la risurrezione dei morti.

Per concludere, Galzu appare e scompare proprio come un angelo di puro spirito.

Dunque 11.000 anni fa, nasce fra i Nefilim, il monoteismo, che da tempo avevano dimenticato.

Anu, possedeva il libro della verità, un libro sacro che predicava la religione universale, ma per suoi interessi, Anu non aveva mai seguito i principi contenuti
nel libro.

Come se non bastasse, Nibiru si portò dietro un asteroide che dopo essersi messo in orbita terrestre, precipitò dando il colpo di grazia alle isole atlantidee, i pochi abitanti rimasti, trovarono rifugio nelle isole Azzorre.

10.000 anni fa, in Cina, nella zona di Honan, a sud del fiume Giallo, appare il divino coltivatore Shen Nung che insegnò a dissodare e a coltivare i campi.

Su Marte, Osiride e Seth si invaghirono delle figlie di Shamgaz, il capo degli Igigi ma di razza Nefilim.

Tornati sulla Terra si decisero i matrimoni, vennero invitati tutti gli Anunnaki e i pochi Igigi sopravvissuti.
Osiride sposò Iside, e Seyh sposò Nabat, i festeggiamenti furono imponenti.
Arrivò per il matrimonio, anche il vecchissimo Anu.
E' durante la festa che Enki vede Galzu e lo indica al padre chiedendogli se lo conosce e se è vero che si tratta di un suo ambasciatore.
Anu risponde che non lo conosce. Ancora una volta Galzu scompare ed i Nefilim non riescono ad interpellarlo.
Fra i due fratelli, Osiride e Seth, ci fu sempre astio ed erano arrivati più volte a minacciarsi.
Durantre il banchetto Osiride si ubriacò e Seth ne approfittò, lo fece chiudere in una bara e gettare in mare.
Marduk avvisato da Iside, iniziò le ricerche mentre Seth si diede alla fuga. Marduk ritrovò Osiride nelle acque di una scogliera a Sud dell'Africa, lo fece trarre a riva, ma era già morto.
Prima di seppellirlo, Iside raccolse il seme del marito e con quello si fece fecondare, così d'avere un erede che lo vendicasse.
Nacque Horus, che venne cresciuto ed istruito da Gibil, un sacerdote.

Quando fu adulto, con il suo esercito andò verso il Sinai per combattere Seth.
I due si sfidarono in un combattimento testa a testa sulle loro navi volanti. Colpito a morte, Horus precipitò ma Ningishizza lo salvò curandolo dalle ferite riportate in combattimento e dall'intossicazione causata dall'esalazione di un missile velenoso.
Quando il guerriero si fu ristabilito, Ningishizza gli donò una nuova nave spaziale, a forma di pesce.
Questa volta Horus ebbe la meglio e Seth precipitò.
Seth si salvò ma rimase cieco e con uno schiacciamento del bacino, il tribunale lo condannò all'esilio nell'attesa della sua morte.
Nel frattempo Inanna sposò Dumizi e andò ad abitare le Americhe.
Dumuzi per scampare ad un attentato, scivola e cade da una cascata trovando la morte.
Anche lui come Seth viene sepolto nell'Africa meridionale.
Il tutto crea inimicizia fra due fazioni, quella di Marduk e quella di Inanna.
Nascono le cosche fra due famiglie.
Risale a questo periodo la fortificazione di Gerico.
Nei Tassili, si hanno raffigurazioni risalenti a questa epoca, di extraterrestri con scafandri,

caschi, tute spaziali, raffiguranti, nell'atto di cacciare gigantesche creature e nell'atto di prendere il volo.
La pietra di Jebel Amud nella Giordania meridionale, mostra una carta geografica aerea della zona.
Siamo arrivati a 9.000 anni fa, a Shamra in Siria, si addomesticano cani, gatti, conigli, pecore ed oche.
Inizia l'era della ceramica in Mesopotamia. Appaiono i primi vasellami in ceramica.
Anche in Italia arriva la ceramica, in Puglia si scopre il Trinitum, il grano duro. 7.500 anni fa, si ricostruisce la città di Eridu; a Catal-Hujuk, in Turchia, una nuova splendida città, culla della nuova cultura dopo il diluvio, si coltivano: orzo, grano, piselli, arachidi e mandorle.
6735 anni fa, inizia l'anno Giuliano adottato da tutti gli scienziati e storici del mondo.
Oggi noi usiamo il termine avanti e dopo Cristo, partendo appunto dal 4.735 A.C., cioè da 6.735 anni fa (al 2024); a Catal-Hujuk appare il rame.
6.000 anni fa, comincia una grande battaglia in Egitto. Enki è dalla parte di Marduk e crea due robot androidi, e li manda in Africa per catturare Inanna. Ninurta, con una esplosione seppellisce vivo Marduk nella sua grande piramide (la piramide di Cheope), per lui non esiste possibilità

di riuscire ad evadere, la chiusura di sicurezza, impedisce a chiunque di accedere alla camera del Re dove Marduk è prigioniero.
Allora Ningishzidda fa produrre un'esplosione dall'alto e fa calare i suoi guerrieri che riescono a liberare Marduk ormai morente.
Questi viene curato e poi mandato in esilio a nord.
Qui Marduk fonda la città di Babilonia, questo 5.800 anni fa.
Tutto questo fu dettato da Enki a Endubar, figlio di Udbar.

La grande riunione della Fratellanza Universale

Sul pianeta Quja della stella Markab, alfa di Pegaso, distante 133 anni luce, si tenne una grande riunione del gran consiglio della galassia, con la partecipazione degli esseri di luce della Fratellanza Cosmica Universale.
Erano presenti 12 Sheran o responsabili dell'Universo conosciuto. Nessuno per la Terra.
L'unico terrestre presente era Enki-Me (Enoch), che era stato rapito per la seconda volta e portato in cielo (nel cielo fisico).

Tutti insieme iniziarono la preghiera universale, rivolta al Dio del principio, al Figlio e allo Spirito Santo di Dio.
Uno ad uno si materializzarono davanti a loro gli arcangeli, prima Gabriele, poi Raziele, poi Metatron.
Poi si materializzò l'arcangelo Raffaele, che per volontà del Padre parlò dicendo che la missione sulla Terra e nel sistema solare sarebbe stata portata avanti da Om, Sheran di tutti gli Sheran, con l'aiuto di Fooath Sheran suo luogotenente. Poi mostrarono Enki-Me, Ziusudra e la sua prole scampati al diluvio.
Alla fine parlò l'Arcangelo Michele, e svelò a Enki-Me un segreto: dichiarò che: "15.000 anni fa, lo Sheran era Galzu, ma poi morì ed il suo posto venne preso da Arus, Galzu salì in cielo e divenne "Guida Spirituale".
Fui io a dargli l'incarico di intervenire dargli l'incarico di mostrarti il progetto per l'Arca, che ti avrebbe salvato dal diluvio.
Galzu, apparve in sogno più volte a Inanna e le mostrò la giusta strada da seguire, e per convincerla a predicare il monoteismo.
Il suo compito non è ancora finito, e finirà solo dopo la distruzione degli armamenti dei Nefilim."

Allora si materializzò in tutto il suo splendore la figura del Figlio di Dio. Apparve assiso alla destra del Padre e proclamò: "Enki-Me, voi che mi chiamate in molti modi, sappiate che quando io verrò, mi chiamerete - Dio con voi - e verrò a riscattare l'uomo dal peccato originale, ma 2.000 anni dopo il mio "anti" prenderà possesso e dell'umanità, allora tu Enki-Me con un grande profeta, scenderete per vendicarmi, ma purtroppo dovrete perire, anche voi due che non eravate mai morti. Diverrete allora come Galzu, spiriti guida.
Solo allora, io manderò il Consolatore dal Padre mio, che distruggerà il mio "anti" e allora sarà la fine."
Tutti in coro allora risposero: "Tecel Cat Marit Machà" e la riunione si concluse. Lo Spirito Santo scese allora su tutti i presenti e li illuminò benedicendoli.
5.615 anni fa, la popolazione di Ctal-Hujuk, viene fatta evacuare e messa in salvo dagli esseri di luce comandati da Om Sheran, la zona, sarà infatti interessata da una grande alluvione (secondo diluvio) causata dall'avvicinarsi della grande cometa, detta "Il distruttore".
Una seconda evacuazione, fu prodotta sempre dagli esseri di luce nei confronti della popolazione di Ledro presso l'attuale Trento.

Ur è sommersa dal fango, 5.580 anni fa, con l'aiuto degli esseri di luce, rinascono nuove città: Samara, la nuova Uruk, Uqair, Kirkuk, Gawra e Sawwan.

5.570 anni fa, i popoli nomadi soffrono parecchio il secondo diluvio e stentano a riprendersi, quelli palafitticoli si diffondono in Savoia, nel Giura, in Boemia, in Croazia ed in Italia a Rivoli, Oleggio, Ivrea, Lagozza, sul Lago Maggiore, a Biandronno, lago di Varese, a Sabbioni di Como, e a Iseo e Peschiera sul Garda.

Le popolazioni della Val Camonica, prendono contatto con gli esseri di luce.

Da loro apprendono l'astronomia.

Si diffondono le costruzioni megalitiche, i Dlmen, i Menir, i Cromlech.

In tutta Europa si diffonde la religione monoteista.

Gli esseri di luce insegnano la spiritualità.

5.300 anni fa, viene fondata dai Druidi proto-celti il sito di Stonehenge.

5.200 anni fa, ridiscende dal cielo Lahsa, il capo degli Schwarta che con il fratello Samon, avevano civilizzato Akakor e si erano uniti ai discendenti di Atlantide stanziatisi nell'Amazzonia.

Una richiesta di aiuto venne fatta a loro dai celti in guerra coi Femori.

Gli Shwarta partirono con le loro navi per L'Inghilterra dove scambiarono le nozioni con i Druidi di Stonehenge, Avebury e Silbury Hill.
Portarono la spada di Nuadu, la lancia di Lug e la conca di Dagda.
I due fratelli, vennero chiamati Re Bran e Manannan, vinsero i celti capeggiati dagli Shwarta (questa storia è stata da me scoperta facendo un parallelismo fra i fatti successi in Amazzonia e quelli in Inghilterra. n.d.r.).
La grande nave che fu vista dagli abitanti dell'Inghilterra, a forma di grande ruota, era degli esseri di luce, e fu chiamata Roth Ramrach.
5.130 anni fa, in Birmania, ci fu l'ultimo combattimento aereo con Vimana ella storia della Terra, la battaglia di Khuruksetra, far i capi dei discendenti di Mu. Inizia l'epopea di Gilgamesh ad Uruk, Etana, regna a Kish.
5.075 anni fa, in Cina domina il primo imperatore, Huang-t l'imperatore giallo. Sorgono le città greche di Dimini, Creta e Troia. Nasce la civiltà Minoica. Gilgamesch regna ad Erech. Sargon è il primo re di Akkad.
Nasce ufficialmente la musica in Egitto, è chiamata Hy che significa gioia.
Si usano: arpa, oboe, flauto, lira, tamburi e sistri.

Nasce la primo faraone egizio e la prima dinastia.
Il faraone Semerkhet, fa guerra alle popolazioni del Sinai, è la prima guerra dopo il diluvio, fuori dai confini del proprio stato. La scrittura da pittografica, diventa ideografica.
4.860 anni fa, si comincia a scrivere un papiro usando l'inchiostro.
Mammu regna ad Ur. In assiria nascono i sistemi di numerazione decimale e sessagesimale.
In Assiria, un sacerdote, usando la matematica sessagesima, divide il cerchio in quattro gnomoni, di 15 minuti l'uno e sbarrandolo in 24 righe, ottiene 60 minuti, lo stesso cerchio, sarà poi diviso in 360°.
Nasce a Baghdad la carta per scrivere. Gudea regna a Lagash.
4.700 anni fa, in Egitto, viene edificata la prima piramide tronca.
La musica, arriva in Cina.
Nebka, fonda in Egitto la città di Melfi.
Zoser sarà il suo successore e farà innalzare a Saqqara, dall'architetto Imothep, la prima piramide a gradoni.
Ad Uruk, il successore di Gilgamesh, è Ur-Nungal I.
Il faraone Micerino ultima il restauro dell'ultima piramide di Giza costruita da Osiride e Marduk.

In Siria viene fondata la città di Igresh. Nasce la prima piramide ottusa.
Sotto il re Mesanepada, sorge la nuova Ur. 4560 anni fa, il faraone Cheope, restaura la grande piramide di Marduk, chiamata poi piramide di Cheope.
4.550 anni fa, Chefren restaura l'altra grande piramide di Giza che prenderà il nome del restauratore.
I Turriti raggiungono il Medio Oriente. Sulle coste del Libano i Proto-Fenici, fondano le città di Tiro, Sidone, Berytux e Biblo.
4.420 anni fa, restauro della sfinge di Giza.
4.200 anni fa, una misteriosa esplosione si verifica nelle isole Azzorre, distruggendole in parte.
In Egitto Antef I fonda la città di Tebe.
3.050 anni fa, Galzu e Inanna-Ishtar ordinano a Ninurta e Nergal di liberare le armi dei Nefilim e di distruggerle.

Distruzione delle armi dei Nefilim
(e di Sodoma e Gomorra)

Marduk e i Nefilim avevano nascosto le armi atomiche e velenose a Sodoma, prima di farle esplodere, gli esseri di luce mandarono due ambasciatori per accertarsi della perversione che regnava in questa zona.
Come ci racconta la Bibbia, entrarono nella casa di Lot e gli riferirono dell'immane distruzione che stava per avvenire.
Ordinarono a Lot di andarsene con la sua famiglia e strada facendo di non voltarsi mai a guardare cosa stava succedendo.
Quando Lot raggiunse la periferia della città di Zoar, iniziò l'esplosione.
Sara, la moglie di Lot, si voltò e guardò, subito divenne una statua di sale.
C'è un risvolto scientifico su questo fatto; infatti l'esplosione superò i 250 megaton, e con questa potenza, le radiazioni nucleari, non disintegrano, ma salinificano.
Questa salinificazione ha inizio nel cervello, ed è trasmessa dagli occhi tramite la cornea.
Dunque non guardando la fonte dell'esplosione, non si corrono rischi.

Le città coinvolte e distrutte dalla distruzione furono: Sodoma, Gomorra, Adma, Zeboim e Zoar, le città che formavano la Pentapoli.

La distruzione continua

Ma i Nefilim, come si dice, avevano fatto i conti senza l'oste, la distruzione continuò, il vento atomico procedette verso nord.
La nube radioattiva investì Sumer, Nippur, Eridu ed altre città Nefilim.
L'ordine degli esseri di luce, che ambiva a distruggere tutte le armi atomiche rimaste sulla Terra, continuò e dunque toccò anche a Mohenjo-Daro, che venne distrutta da un'esplosione atomica tremenda.

La fuga dei Nefilim e la storia antica

Dopo queste distruzioni, i Nefilim, lasciarono la Terra, e tornarono sul loro pianeta, Nibiru.
Di loro non se ne sentirà più parlare. Questa è la fine dell'occupazione terrestre degli dei.
Il pianeta Nibiru, è attualmente ricercato dagli astronomi, ancora non è stato scoperto, ma non si può disperare, con i nuovi telescopi spaziali, potrebbe essere localizzato.

Alcune sette e gruppi culturali new-age, credono che gli dei esistano ancora, e addirittura credono che sia loro la causa delle attuali guerre in corso.
In questo periodo c'è posto per tutti sulla Terra, da chi crede nella Terra piatta a chi crede nella Terra cave e a chi crede negli dei ancora presenti sul nostro pianeta.
Un'ennesima esplosione avvenne in Inghilterra, a Toriniz, oggi isola di Tory, vennero eliminate le ultime armi dei Femori (giganti Irlandesi) che erano state usate contro i celti.
Nasce la civiltà megalitica di Carnac in Bretagna. Hammurabi è il re di Babilonia.
Vengono risparmiati i Dropa del Tibet e del Nepal perché pacifici e disarmati. 4.000 anni fa, Abramo lascia la città di Ur. Creta domina l'Egeo.
I Druidi terminano la costruzione del sito di Stonehenge costruendo l'altare al centro del cerchio. A Carnac si scopre il vetro.
3.870 anni fa, termina il disgelo che causa una grandissima alluvione, "Il diluvio di Deucalione".
Le terre vengono ricoperte dal fango ma non in modo apocalittico, poi segue un periodo di siccità.
In Egitto viene scoperto il lievito del pane.
3.750 anni fa, compilazione dei primi "Veda", testi sapienziali indiani. Vedi i Rig-Veda.

Gli Hyksos invadono l'Egitto con i cavalli, sconosciuti in quei luoghi.
Ur viene distrutta dal re babilonese Samsuilana.
In Iran arriva un popolo sconosciuto, i Cassiti, il loro primo Re è Gandasa.
Nel frattempo gli Sheran degli esseri di luce, cambiarono: Om Sheran, lasciò il posto a Fooath Sheran, che venne sostituito dal figlio Fooath Zinn, e a sua volta dal nipote Fooath Shen, ed infine 4.100 anni fa da Elyon Sheran.
3.650 anni fa, nascono le città le città di Micene, Tirino, Argo ed Epidauro. 3.550 anni fa, un terribile terremoto, distrugge Creta.
Nasce la civiltà palafitticola di Mercurago, sul lago Maggiore.
Gli Ariani emigrano verso l'India. In Messico cominciano a fiorire i Maya.
Su creta ricostruita, regna Minosse.
3.473 anni fa, esplode il vulcano Thera oggi Santorini, distruggendo di nuovo Creta.
Inizia il secondo periodo Miceneo, nascono le nuove città: Tirinto, Argo, Sparta ed Atene.
Il faraone egizio Amenfi, è fedele al dio Aton.
3.370 anni fa, Tutankamon, è fedele al dio Aton.
Gli esseri di luce guidano Mosè per il deserto, è "l'Esodo"; 3.300 anni fa, Mosè riceve i 10 comandamenti.

I superstiti di Atlantide si rifugiano in Spagna e tentano di conquistare il Mediterraneo, invadono la Corsica e la Sardegna.
Circumnavigano l'Italia per tentare di raggiungere l'Egitto e di conquistarlo. Non ce la faranno, perché saranno sconfitti in una grande battaglia navale dai greci.
Gli egizi, in seguito ringrazieranno gli Elleni per aver salvato il loro paese.
Lo riporta Solone che si fa raccontare questa pagina di storia dal faraone.
La conferma arriva da Platone nel Crizia e nel Timeo. Dopo questo scontro non si sentirà più parlare di Atlantidi.
3.250 anni fa, la meteora Typhon, si schianta sulla Terra, nell'Atlantico Orientale, creando un cambiamento climatico in tutto il Mediterraneo, il mare dei Gobi si ritira ed appare il deserto.
I dori invadono la Grecia. Nabuccodonosor impera.
I Filistei, ritornano in Palestina, dove asportano l'Arca dell'Alleanza che contiene il decalogo di Mosè.
Grazie a Samuele, Saul viene proclamato Re.
3.030 anni fa, Saul muore e gli succederà Davide, che uccide il gigante Golia di Gat.

In Italia inizia l'età del ferro. Si sviluppano le culture Laziale di Terni, quella Picena, quella Timmari in Lucania e quella Daunia in Puglia.
In Messico e nello Yucatan, inizia il periodo pre-classico con gli Olmechi.
Compare l'alfabeto Fenicio. E' in questo periodo che i Celti abbandonano Stonehenge.
3.000 anni fa, Davide fonda la capitale d'Israele, Gerusalemme, dove custodisce l'Arca dell'Alleanza, mezzo di comunicazione con gli esseri di luce e quando serve arma da guerra ad ultrasuoni che può abbattere addirittura le mura di una città. Fu Galzu a donarla agli Israeliti.
Muore Re Davide e regna Salomone. L'Arca viene trasportata nel tempio.
2.950 anni fa, muore Salomone e gli subentra Roboamo. scissione fra Giudaici ed Israeliti.
Geroboamo è il nuovo re di Giudea, gli succederà Nabad, poi Baasa.
Muore Codro re della Grecia. In Assiria inizia il periodo del re Assur-Nazipal che conquista la Mesopotamia, con capitale Ninive ed arde vivi 100.000 prigionieri.
Ela è il nuovo Re d'Israele. Giosafat è re di Giudea.
2.880 anni fa, Elia fa cadere la pioggia con l'aiuto dello Sheran degli esseri di luce.

Muore Acab, sconfitto dai Siri, Scozia è il nuovo re. Il re dei fenici è Pigmalione che uccide Sicheo, sposo di Didone fondatrice di Cartagine. L'Assiro Salmanassar conduce una sanguinosa guerra contro i Siro-Palestinesi, poi fonda Assur. In Sardegna si sviluppa la civiltà nuragica.

Elia in compagnia di Eliseo, va sulle rive del Giordano, qui Elia con il mantello batté le acque che si aprirono e i due passarono, poi videro un'enorme nave di luce, preceduta da navi più piccole, Elia fu rapito verso la nave da una colonna luminosa tele trasportatrice.

Eliseo, allora raccolse il mantello lasciato dal suo maestro, e batté le acque che si aprirono di nuovo, e lasciarono passare Eliseo. Dall'alto Elia e lo Sheran osservarono soddisfatti.

Joram è re di Giudea. Jeu, uccide Joram e Ocozia, divenendo lui re, poi stermina i discendenti di Acab e gli adoratori di Baal. Joacaz, è re d'Israele.

Il profeta Giona, non avendo osservato gli insegnamenti degli esseri di luce e del loro Sheran, viene punito e viene gettato in mare, risucchiato da un Leviatano (un sottomarino), e nei tre giorni di prigionia, vede degli esseri mostruosi: sono i Raskasas (extraterrestri grigi) prigionieri degli esseri di luce in attesa di essere rimpatriati sul loro pianeta di origine probabilmente Zeta del Reticolo.

In India appare Brahmana e si comincia a parlare di trasmigrazione delle anime. Gioas diventa re d'Israele.
2.815 anni fa, muore Eliseo. GeroboamoII è il nuovo re d'Israele. Cronologicamente altri Sheran si alternarono: Ponn, Aton, e anche Elia, divenne Sheran 2.600 anni fa.
In Grecia si tengono i primi giochi olimpici. Le guerre vengono sospese a favore dello sport, il primo vincitore è Koroibos di Elide.
Partecipano le città, non come oggi le nazioni.
Questi giochi dureranno 1.170 anni e saranno soppressi dall'imperatore Teodosio su invito di sant'Eusebio di Vercelli perché ritenuti troppo violenti e non cristiani.
I Greci sbarcano a Ischia, a Cuma e a Reggio Calabria. Amasia è re di Giudea.
2.776 anni fa Romolo, sul Tevere, fonda Roma, questa è comunque una leggenda.
Amos profetizza. Ozia è re di giudea, Sallum è re d'Israele, gli succede Menahem.
In Toscana nasce l'Etruria, i Greci di Corinto fondano Siracusa, i Megaresi fondano Lentini, i Calcidesi Catania, gli Achei Sibari e Crotone.
Faceia diventa re d'Israele, Jotan di Giudea. Poi seguirà Facee in Israele e Acaz in Giudea.

Osea è l'ultimo re d'Israele. I Giudei con l'aiuto degli Assiri deportano 100.000 Israeliti.

Nella battaglia di Qarqar, appaiono per la prima volta le tribù delloYemen, di Saba e di Qataban, sono gli Arabi.

In Grecia si scrivono i grandi poemi epici, l'Illiade e l'Odissea.

Sargon II conquista Israele. Salmanasar conquista Samaria, Ezechia è re di Giudea.

2.745 anni fa, finisce il regno d'Israele. Muore Romolo (?) gli subentra Numa Pompilio. Gli Spartani fondano Taranto.

Gli Achei fondano Posidonia (Paestum), i Rodii Gela, in Lidia si conia la prima moneta d'oro.

Gli Sciiti, provenendo da Nord, dalla steppa Russa, e dal nord del Mar Nero, prendono contatti commerciali con i Greci.

Gli esseri di luce continuano il loro lavoro di canalizzazione, Zaratustra scrive "Avesta" e diffonde il Monoteismo.

Manasse è re di Giudea. Ad Argo, il re Fidone vince Sparta ed introduce il conio d'oro. A Sparta, Tarpando, scrive la prima musica usando sette suoni.

Il profeta Isaia è il primo a predicare la venuta del Messia.

Comincia l'opera degli angeli sulla Terra che con l'ausilio degli esseri di luce aprono la strada al cristianesimo mostrando all'uomo il vero Dio, quello del Principio, l'Onnipotente, Onnisciente ed Eterno.
Muore Numa Pompilio e gli succede Tullo Ostilio.
Guerra navale tra Corcyra e Corinto. I Megaresi fondano Bisanzio.
In Giappone nasce la prima dinastia quella dell'imperatore Jjnmu Tennò.
2.678 anni fa, inizia la seconda guerra Messenica degli Spartani. In Etruria si sperimenta la protesi dentaria.
Cartagine diventa più importante di Tiro. I Fenici fondano Panormo (Palermo) e Soluto, in Sardegna Noro, Trarre e Olbia.
A Roma diventa re Anco Marzio. Vittoria di Marcio sui Sabini, prima colonia romana ad Ostia.
Amon è re di Giudea, seguiranno Giosia, Joacaz e Joiachim.
Viene iniziata la costruzione della torre di Babele.
A Mileto, Talete apre la prima scuola di filosofia, la ionica, che comprende: fisica, matematica e astronomia.
2.645 anni fa, nasce il profeta Daniele. A Roma diventa re Tarquinio Prisco.

A Mileto Anassimandro intuisce che la Terra è rotonda.
I Celti si espandono in Spagna, Gallia e Italia del Nord.
Il profeta Zaccaria continua il lavoro di Isaia nell'annunciazione del Messia. Sedacia, è l'ultimo re di Giuda. Godolia è governatore di Giuda, poi verrà assassinato ed i Giudei fuggiranno in Egitto.
Il profeta Ezechiele è deportato con la moglie a Babilonia, poi sua moglie muore e Nabuccodonosor re di Babilonia distrugge Gerusalemme.
Il profeta Geremia, predica la venuta del Messia. Baruc, lo scrivano di Geremia, viene rapito in cielo, qui gli arcangeli gli mostrano i segreti dell'universo, poi viene riportato riportato sulla Terra e da profeta continua la sua opera d'annuncio del Messia.
Viene fondata Akragas (Agrigento). Solone occupa Salamina. L'Etrusco Servio Tullio, è il nuovo re di Roma.
2.592 anni fa, nasce Siddharta Gotama, il futuro Budda.
In Grecia, Pisistrato, con un colpo di stato, comincia ad esercitare il potere assoluto.

1.575 anni fa, nasce a Lu (Cina) Kung-Fu-Tsu, (Confucio), continuerà l'opera dei grandi illuminati.
Anassimandro crea la Meridiana. Democede crea in Grecia la prima scuola di medicina.
Ciro II, Re della Persia, distrugge il regno Babilonese, inizia il grande regno persiano e promette agli ebrei di tornare in Palestina.
A Roma il re è Tarquinio il Superbo. Ultima visione del profeta Daniele. Pitagora di Samo, fonda a Crotone la sua famosa scuola.
Gli etruschi fondano Felsina (Bologna). Zaccaria profetizza in Israele.
Dario conquista il titolo di Gran Re d'Asia, gli Ebrei possono tornare a Gerusalemme dopo un esilio di 65 anni.
Dario crea il palazzo di Persepoli, è l'unico re dall'Egitto fino all'Italia.
Pitagora scopre che la stella luminosa che si vede al mattino e alla sera è la stessa (Venere), e la chiama Afrodite.
Malachia è l'ultimo profeta in Israele. Dominio Etrusco su Roma, Porsenna l'invade, atti d'eroismo di Orazio Coclite e Muzio Scevola.
In Sardegna i Cartaginesi mettono fine alla civiltà Nuragica.

Prime autopsie su cadaveri da parte di Alcmeone, allievo di Pitagora.
2.520 anni fa, in Cina Lao-Tze, fonda il Taoismo, è suo il concetto del bene e del male, lo Yin e lo Yang.
Scoppia la prima guerra Greco Persiana. In Persia muore Dario, gli succede il figlio Serse che vince i greci alle Termopoli.
In Sicilia iniziano le guerre tra Cartaginesi e Greci.
2.500 anni fa muore il Buddha. A Roma, Valerio Poplicola vince la guerra contro Veio.
In Grecia nascono Socrate e Ippocrate. A Roma Cincinnato sconfigge Quinzio. Pericle inizia in Grecia la costruzione del Partenone. Nasce Platone.
I romani conquistano Fidene e iniziano una lunga guerra contro gli Etruschi che durerà 10 anni.
Termina la guerra tra Atene e Sparta con la vittoria di Sparta.
I Galli fondano Mediolanum (Milano).
Nasce Diogene, Socrate viene condannato a morte.
Prima guerra Punica di Dionisio. I Galli Senoni guidati da Brenno calano in Etruria, sconfiggono i romani, incendiano Roma, ma Furio Camillo li sconfigge. I romani combattono contro i Volsci.

Termina la battaglia tra Tebe e Sparta, Filippo II diventa re di Macedonia e poi si impadroniscono della Tracia, quindi invade la Grecia.

I Celti Boi, conquistano Bologna, i Celti Vertacomocori fondano Novalia (Novara). Muore Platone.

Filippo II viene ucciso, gli succede il figlio Alessandro, questi, sconfigge Dario II e poi conquista l'Egitto.

Roma invade Napoli, comincia la guerra Sannitica.

Alessandro dopo aver conquistato Grecia ed Egitto, si spinge in oriente ed arriva fino ai confini della Cina.

2.350 anni fa, Alessandro muore a causa di una febbre, la sua ambizione era di conquistare il mondo intero. Muore Aristotele.

I Sanniti sconfiggono i romani e fanno provare loro l'onta delle forche caudine. Aristarco lancia la teoria eliocentrica, ma non avrà successo.

I Sanniti sono definitivamente sconfitti dai romani. Nasce Archimede.

I Galli Senoni battono i romani presso Arezzo. Pirro arriva in Italia usando gli elefanti, contro i romani, li sconfigge ad Eraclea, poi ad Ascoli, ma con grosse perdite, poi espelle i Cartaginesi dalla Sicilia.

Pirro è sconfitto dai romani a Male-Vento, che diverrà Benevento; i romani poi governano Reggio Calabria.
Roma vince i Tarantini, i Bruzi, i Lucani e i Sanniti. Ornelio prende la Corsica e la sottomette.
Attilio Regolo vince con la sua flotta i cartaginesi.
Caio Metello ad Agrigento sconfigge Asdrubale.
Lutazio Catulo, batte definitivamente i cartaginesi presso le isole Egadi.
I romani conquistano la Sardegna e nell'Adriatico battono i pirati Illiri, guidati dalla regina Teuta.
I Liguri si uniscono ai Galli, ma sono sconfitti a Telamone.
Claudio Marcello vince gli Insubri a Caseggio presso Piacenza e occupa Mediolanum (Milano).
In Grecia, Dosone sconfigge gli spartani. In Spagna Annibale diventa capo dei cartaginesi.
Ying-C'eng diventa imperatore della Cina. Annibale conquista Segunto, poi attraversa le Api ed arriva fino al Ticino, poi al lago Trasimeno, ed infine la Puglia.
Emilio Paolo viene ucciso da Annibale a Canne. Claudio Marcello assedia Capua e Siracusa. Scipione in Spagna, espelle i cartaginesi, poi invade l'Africa e viene nominato l'africano.

Annibale si precipita in Africa, ma a Zama è sconfitto, 2.220 anni fa, finisce la seconda guerra punica, con la vittoria dei romani.
I Galli distruggono Piacenza. Nasce la setta degli Esseni. I romani vincono i greci a Corinto, Flaminio batte i macedoni.
Annibale è definitivamente battuto da i romani e si ritira in Siria. Scipione parte per l'Asia e batte il siriano Antioco II a Magnesia.
2.170 anni fa, Cartagine viene distrutta. Mummio distrugge Corinto. Scipione governa Cartagine.
I romani occupano il Trentino Alto Adige. I cimbri sconfiggono i romani a Norcia. Nasce Cicerone.
A Vercelli i romani guidati da Mario e Lutezio Catullo sconfiggono i Cimbri e i Teutoni.
In Abruzzo nascono per opera di insorti, gli italici. I romani pur dominandoli, assumono questo nome. Nascono i dialetti delle culture etrusche ed italiche che sostituiscono il latino.
2.100 anni fa, un globo di fuoco di colore dorato scese dal cielo ruotando, a Spoleto in Umbria, poi salì di nuovo verso il cielo. Questa fu la prima apparizione di una sfera telemetrica nella storia dell'ufologia.
Spartaco a Roma guida la rivolta degli schiavi che poi Crasso sterminerà.

2.090 anni fa, una grande armata spaziale, fu vista nei cieli della Palestina, erano gli esseri di luce in perlustrazione nella zona dove sarebbe nato il Messia. La nave madre portava il simbolo OM a ricordo del grande Sheran, divenuto spirito guida.

Cesare diventa governatore della Gallia, Pompeo della Spagna e dell'Africa, Crasso della Siria.

Cesare invade la Britannia, Crasso è sconfitto in Mesopotamia, il re Orode I lo uccide. Cesare batte gli Eburoni, i Treveri e gli Svevi.

Milone uccide Claudio, Cesare batte Vercingetorige ad Alesia, quindi ritorna a Roma e inizia lo scontro con Pompeo.

A Durazzo vince Pompeo, ma a Farsalo vince Cesare e Pompeo si rifugia in Egitto. Quando arriva Cesare, lo trova già morto, ucciso dal Faraone Tolomeo III.

Cesare si accorda con Cleopatra, poi sconfigge Fornace a Zela e torna a Roma, infine conquista la Cilicia, la Cappadocia e la Siria.

2.070 anni fa, Cesare viene ucciso durante la congiura di Bruto e Cassio.

A Cesare succede Marco Antonio. Antonio e Ottaviano si scontrano con Bruto e Cassio a Filippi. Antonio conviverà con Cleopatra.

Pompeo viene messo a morte da Ottaviano a Milazzo. Ottaviano conquista la Dalmazia, poi si scontra con Antonio e lo sconfigge.

2.047 anni fa, nascita della Madonna, il 5 agosto, come annuncia ai veggenti. Augusto divide l'Italia in undici regioni. Nasce Nerone.

2.032 anni fa l'Arcangelo Gabriele annuncia alla Madonna, la nascita di Gesù. Elisabetta, moglie di Zaccaria avrà un figlio. A Zaccaria l'annuncia lo stesso Gabriele. Apparirà poi a Giuseppe spiegandogli la volontà del Padre Eterno. Nell'anno 7 a.c. stando ai calcoli astronomici, Gesù sarebbe nato il 25 dicembre. Nato a Betlemme, come i vangeli narrano.

I Magi arrivano a Betlemme seguendo un oggetto non astronomico fisso sul castello di Erode. Poi proseguono fino a Betlemme seguendo il punto indicato loro dall'oggetto in cielo.

Dopo aver portato i doni a Maria e Gesù, vengono avvisati in sogno di non ritornare da Erode, ma di usare un'altra strada per il ritorno.

Erode che vuol uccidere Gesù causa la strage degli innocenti. Erode muore il 4 A.C.

Gesù è protetto dagli angeli. Dopo il battesimo ricevuto da Giovanni Battista, riceve lo Spirito Santo. Da quel momento Gesù è figlio di Dio a tutti gli effetti in un corpo umano.

Uno dei suoi 12 apostoli lo tradirà, Gesù verrà condannato a morte.
Crocifisso, morì sulla croce nell'anno 33 d.c.. Dopo tre giorni risuscitò, e si mostrò a tutti gli 11 apostoli, mentre Giuda che lo aveva tradito, si uccise. Ritornato in cielo sedette alla destra del Padre in attesa di tornare per giudicare i vivi e i morti.
Nei suoi tre anni di predicazione, Gesù ha guarito i malati, risuscitato i morti, scacciato i demoni che possedevano alcune creature.
Ha dettato le leggi, insegnando un nuovo comandamento; ama il prossimo tuo come te stesso e consigliando: non fare agli altri ciò che non vorresti fosse fatto a te.
Termina qui la sequenza cronologica dei fatti antichi, che ho riportato. Frutto di una mia ricerca durata 30 anni. Da qui in poi, narrerò i fatti ufologici fino ai nostri giorni.

L'atomica fa da radiofaro

Anche durante il medioevo, ci sono stati avvistamenti di oggetti volanti non terrestri, ma i casi sono stati molto rari.
E' solo dopo il 1945, che si ha un aumento di avvistamenti UFO in modo esponenziale.
Tra i casi più interessanti prima del 1945 che possiamo ricordare, possiamo citare in primis il caso Aurora.
Il 17 aprile 1897, gli abitanti della cittadina di Aurora, Texas, videro una nave volante passare sopra le loro case, poi precipitare.
Fu il primo ufo crash della storia moderna.
I testimoni dell'accaduto, trovarono all'interno della nave il corpo senza vita del pilota. Gli diedero sepoltura cristiana nel cimitero della loro cittadina; del relitto della nave volante non si hanno notizie.
Un altro caso degno di nota è la caduta di un oggetto non identificato il 30 giugno 1908 nella Tunguska, Nord della Russia.
I più pensano che sia stata la caduta di un grande meteorite, ma non sono mai state trovate tracce di questo impatto, ad esempio un cratere.

Ho le prove che, la nave madre precipitata in questa zona è stata abbattuta da un'altra nave, della fratellanza cosmica.

Già monitorata in prossimità della Terra, lo Sheran che controlla il nostro pianeta diede ordine al comandante di questa nave di allontanarsi.

La Fratellanza aveva scoperto che la nave era di una razza ostile e colonizzatrice.

Visto che il comandante della nave non aveva accettato di andarsene, non rimase alla Fratellanza altro che spingerla in una zona poco popolata, e dopo altri avvertimenti ed altri ordini non accettati, di abbatterla.

Alle ore 0.17 del 30 giugno, la nave, colpita, esplose a sette chilometri d'altezza presso le sponde del fiume Podkamennaya devastando un'area totalmente disabitata di 2.000 chilometri con una potenza distruttiva di 30 megatoni. L'esplosione squarciò il cielo, creò un vento radioattivo ed infuocato che inaridì il territorio e provocò un innalzamento di colonne d'acqua dal fiume, le fiamme furono visibili a 400 chilometri di distanza.

La nube causata dall'esplosione salì a 20 chilometri d'altezza, mentre la cenere e le polveri vennero risucchiati dal vento esplosivo. Il boato fu tremendo e si udì a 80 chilometri di distanza.

Mentre gli alberi venivano spogliati, piegati ed essiccati, mandrie di renne, venivano scaraventate a chilometri di distanza.

I pochi abitanti della zona, vennero segnati per sempre dalle radiazioni. Qualunque forma di vita fu cancellata. Se l'esplosione fosse avvenuta su un centro abitato, questo sarebbe scomparso nel nulla.

L'esplosione inoltre causò per due notti un'aurora visibile a 6.000 chilometri di distanza. A Londra si poteva leggere il giornale di notte senza lume.

Nessuno ebbe il coraggio di andare a vedere cosa era successo, la prima spedizione in quella zona fu nel 1921.

Da quel giorno la Fratellanza Cosmica monitorò tutto il sistema solare ed in caso di pericolo avrebbe intercettato queste navi ostili prima che raggiungessero la Terra.

Lo Sheran Seniun propose di piazzare nel sistema solare una nave base permanente fra Marte e la Terra e di chiamarla Share. Il progetto si chiamò nella nostra lingua, Vela.

Un terzo fatto ufologico interessante risale al 13-7-1933, nella zona fra Novara e Magenta, un oggetto non identificato cadde in campagna, non ci furono danni a persone e a cose.

Mussolini, informato del fatto, fece subito monitorare la zona. Agli abitanti delle cascine vicine all'impatto, venne imposto di non parlare con nessuno dell'accaduto.

Il relitto fu portato alla Savoia Marchetti di Vergiate, e il Duce organizzò una ricerca accurata sull'oggetto. L'inchiesta ebbe nome Gabinetto RS33 che significa ricerca speciale 1933.

Mise a capo della squadra di ricerca Guglielmo Marconi, che si avvalse dei più bravi scienziati del tempo; parteciparono allo studio dell'oggetto: l'astronomo Gino Cecchini, il dottor Ruggero Costanti, i professori Vallauri, Pirotta, Crocco, Debbiasi, Severi, Bottazzi e Giordani con la supervisione dello stesso Mussolini, di Balbo e Ciano.

Dagli schizzi in nostro possesso ottenuti dagli investigatori, l'ufo doveva avere forma allungata, simile ad un pullman, con oblò. Non si è mai saputo se contenesse piloti o se fosse teleguidato.

Marconi dopo uno studio durato anni, comunicò a Mussolini che non era stato scoperto nessun motore al suo interno e che nessuno sapesse come potesse volare.

In realtà Marconi scoprì che un macchinario interno, creava un raggio che chiamò raggio della morte, temendo l'impiego di questo raggio per scopi bellici, mantenne il segreto, informando tramite una lettera solo papa Pio XI.

Questi la lesse, la ritirò in un cassetto e la scoperta di Marconi rimase per sempre un segreto.

In America, Nicola Tesla, fece la stessa scoperta usando esperimenti sui fulmini. Nel 1943, ritenuta chiusa l'inchiesta, Mussolini regalò ad Hitler, il rottame dell'ufo e i fascicoli delle ricerche sullo stesso, che naturalmente non includevano la scoperta di Marconi.

Hitler fece sua la scoperta dell'ufo crash, dichiarando che era caduto nel giardino di Eva Braun, poi tentò di far replicare l'ufo che però fece costruire a forma di disco con torretta, lo chiamò V7, ma non volò mai.

Gli esseri di luce avevano capito che gli americani stavano per sperimentare la bomba atomica, e allora mandarono una loro nave su Los Angeles, per dare una dimostrazione di forza.

I radar segnalarono un oggetto a 193 chilometri da Los Angeles; l'artiglieria contraerea fu allertata: gli americani temevano un attacco giapponese sulla città. L'aviazione mantenne però i caccia d'intercettazione dell'8° Comando al suolo. Poi successe di tutto: la città fu completamente oscurata, si vedevano solo le luci della nave; si alzarono in volo avvicinandosi alla città alcuni aerei, anche un pallone aerostatico, un missile partì da un incrociatore, tra le 3.16 e le 7.21, furono

sparati 1.400 colpi d'artiglieria contro l'ufo, a detta dei testimoni i proiettili venivano respinti senza scalfire l'oggetto, alcuni edifici furono danneggiati.
Risultato, gli americani dichiararono di aver sparato contro il nulla, altri di aver sparato contro un pallone sonda. Era iniziato il cover-up degli Stati Uniti.
Ma ciò che interessò di più la Fratellanza Cosmica, fu la prima esplosione atomica americana avvenuta ad Alamogordo in Nuovo Messico (USA) il 16 luglio del 1945. Fu il test definitivo prima di bombardare il Giappone.
Le atomiche del 6 agosto su Hiroshima e del 9 agosto su Nagasaki, oltre a provocare 200.000 morti, fecero da radiofaro.
Si dice che le esplosioni sarebbero state viste anche dalla Luna.

Il 1947, inizia l'invasione

Queste esplosioni attirarono un numero grandissimo di esseri extraterrestri dallo spazio.
Gli avvistamenti furono continui, e lo sono ancora oggi; non erano della stessa razza e provenivano da pianeti diversi di stelle diverse.

Il primo caso da segnalare avvenne il 21 giugno 1947 sull'isola di Maury nello Stato di Washington: Harold Dahl, guardia costiera, si trovava con il figlio, due colleghi ed il suo cane, a pattugliare la baia circostante.

Quando giunsero in prossimità di Tacoma, videro in cielo sei oggetti a forma di frittelle (così li definirono).

La loro altezza fu stimata di circa 600 metri, Dahl si allontanò e scattò alcune foto degli oggetti.

Pochi momenti dopo, l'oggetto che era venuto a trovarsi sopra le loro teste, a circa 150 metri d'altezza, esplose nella parte inferiore e migliaia di frammenti metallici caddero al suolo.

Uno ferì il figlio di Dahl, un altro uccise il suo cane altri danneggiarono la barca. Ben presto l'intera zona fu ricoperta da frammenti metallici.

Alcuni di questi frammenti incandescenti caddero in mare facendo ribollire l'acqua.

I sei oggetti volanti a forma di dischi, si allontanarono e Dahl calcolò che avessero un diametro di 30 metri. Erano a forma discoidale, ma con una parte a delta.

Nela loro pancia, mostravano un foro circolare di circa 9 metri di diametro. Attorno alla circonferenza avevano degli oblò disposti a distanza regolare fra loro.

Quando furono sviluppate le foto apparvero i curiosi oggetti, ma i negativi erano ricoperte da macchie bianche come se la pellicola fosse stata esposta a radiazioni.
Sul posto si recò Fred Chrisman, superiore di Dahl, anche Fred constatò che l'intera zona era ricoperta da 20 tonnellate di materiale metallico.
I due cercarono di piazzare tutta vicenda su una nota rivista di Chicago, il direttore del giornale avvisò Kenneth Arnold, un pilota civile, che fu invitato ad andare a Tacoma per controllare di persona.
Dahl e Fred scomparvero da Tacoma misteriosamente, Arnold intanto informò i servizi militari di ciò che aveva visto.
Il tenente Frank Brown, accompagnato dal maggiore Dawson, si recarono a Tacoma solo il 31 luglio. I due vennero con B-29, e dopo aver caricato una cassetta di frammenti metallici consegnata loro da Arnold, a sua volta avuta da Chrisman, fecero partenza per Hamilton Field, base segreta americana.
La mattina dopo si seppe che il B-29 si era schiantato nei pressi di Kelso nello Stato di Washington.
Solo un passeggero si era salvato lanciandosi col paracadute e da questi si seppe che l'aereo aveva

avuto una avaria al motore di babordo e subito dopo si era incendiato.

Una telefonata anonima avvisava poi che un C-46 era precipitato sul monte Rainer, e dava le coordinate esatte del punto dove era caduto, con 32 marines a bordo.

Gli alpinisti raggiunsero l'aereo sul versante del ghiacciaio Tahoma a 3.000 metri, ma dei marines non c'era nessuna traccia.

L'anno zero dell'ufologia moderna

Kenneth Arnold, il 24 giugno 1947, sorvolò il monte Rainer ispezionando la zona, vide in cielo 9 oggetti discoidali con una parte di circonferenza a forma di losanga e con nella pancia un foro circolare; li chiamò frittelle volanti, avevano infatti la stessa forma descritta da Dahl a Maury.

Ma ben presto tutto il modo li chiamò dischi volanti. Questo 24 giugno, viene ritenuto come data iniziale dell'era moderna dell'ufologia, anche se come abbiamo visto, altri casi ufologici erano accaduti prima.

Il caso Roswell

Questo caso, ha cambiato l'immaginario collettivo dell'ufologia e degli ufologi, ma non solo, grazie alla retro ingegneria, ha fatto fare un passo avanti a tutta l'evoluzione scientifica del Mondo.
Roswell è una cittadina del Nuovo Messico (USA) famosa perchè contemplava la base 509° Gruppo Bombardieri, l'unico a quei tempi a possedere testate nucleari.
La notte del 2 luglio 1947, mentre sulla zona infuriava un temporale di notevoli dimensioni, un oggetto non identificato sorvolò il cielo della cittadina e puntò verso Nord.
I coniugi Wilmot ne osservarono il passaggio alle ore 21.50; l'ufo puntò verso Corona, dove venne intercettato da un secondo oggetto volante non identificato.
Ci fu uno scontro tra i due oggetti, uno cadde subito nelle vicinanze della cittadina, l'altro proseguì la sua corsa schiantandosi contro una roccia che delimita il deserto di San Augustin.
L'ingegnere civile Barney Barnett, che si trovava nella zona per una ricerca sui nativi americani, udito il rumore dell'ufo in caduta, uscì dalla sua tenda e vide l'oggetto schiantarsi contro delle rocce che delimitano il deserto.

Le fiamme avviluppavano l'aeromobile, il calore sprigionato dall'ufo era insopportabile.

Barnett, in compagnia di alcuni scout riuscì ad avvicinarsi al punto di vedere che da uno squarcio erano stati espulsi degli esseri che giacevano a terra.

Gli esseri pareva stessero morendo; dallo squarcio si potevano notare degli oblò dai quali si poteva vedere l'esterno come fosse giorno (dovevano trattarsi di oblò all'infrarosso).

Ben presto tutta la zona fu circondata dall'esercito, giunsero sul posto anche i pompieri di Roswell, allertati da qualcuno che pensava ci fosse stato un incidente aereo.

Gli ufficiali e gli uomini dei servizi segreti li cacciarono, imponendo loro di mantenere l'assoluto silenzio su ciò che avevano visto, ed inoltre minacciarono anche le loro famiglie.

La mattina seguente, Mac Brazel, un agricoltore della periferia di Corona, andò a controllare se il temporale della notte avesse causato danni al suo podere. Trovò una serie di rottami sparsi sul suo terreno, li raccolse e li trasportò all'interno di un deposito dove custodiva i suoi attrezzi.

Poi si recò a Corona, ed il giorno 6, informò lo sceriffo di Roswell George Wilcox. Questi informò a sua volta i servizi militari ed il comandante della base, il Colonnello William Blanchard, che incaricò il Maggiore Jesse Marcel Senior, capo del controspionaggio, di interessarsi del caso.

Poi per Mac Brazel cominciò una vera e propria Via Crucis di interrogatori e segregazioni.

Nel frattempo, il Colonnello Blancherd, aveva dato ordine al Tenente Walter Hut di comunicare alla stampa e alle radio locali che un ufo con a bordo degli alieni era caduto nei pressi di Roswell.

Withmore, proprietario dell'emittente KGFL, stava per mandare in onda l'intervista con Mac Brazel registrata il giorno prima, quando fu bloccato dalla Commissione Federale Comunicazioni di Washington; ma la notizia era già trapelata dalla KSWS di Roswell alla KOAT radio di Albuquerque, che comunicava di avvisare la ABC che un disco volante si era schiantato nel deserto, e che l'intera zona era stata monitorata dall'esercito.

Il Generale Roger Ramcy del Fort Wort Command si precipitò a Roswell e, su ordine del Pentagono, sollevò il Colonnello Blanchard dall'incarico di comandante della Base, reo di aver divulgato notizie Top-Secret.

Lo sostituì con il Tenente Colonnello Payne Jennings che dopo qualche tempo, scomparve col suo aereo nel Triangolo delle Bermude mentre era diretto a Londra per consegnare all'esercito inglese dei rottami recuperati a Roswell.

Anche Marcel, avrebbe dovuto accompagnarlo, ma fu trattenuto dal Colonnello Blanchard che probabilmente aveva saputo dell'incidente che sarebbe capitato a Payne.

Poi il Generale Ramey si fece fotografare con i resti di un pallone sonda; la foto fu fatta divulgare in tutta America, per dimostrare che a Roswell non era precipitato un ufo.

Molti anni dopo, grazie alle nuove tecnologie, si è riusciti a decifrare una lettera che il Generale teneva nella sua mano sinistra nella foto diffusa, risultò che a Roswell era caduto un oggetto di natura extraterrestre.

Successivamente Marcel comunica al Comando di aver ripulito la zona di Corona, e di aver recuperato anche i resti dell'altro ufo-crash avvenuto il 31 maggio.

Dunque furono tre gli ufo precipitati, quello iniziale e i due di Roswell.

Dai dati raccolti dall'inchiesta Santilli che poi vedremo, dalle testimonianze del Colonnello Corso, e da foto inviate da un anonimo, all'ufologo russo Felix Ziegel, si è stabilito che nel primo ufo-crash, si recuperarono forse 4 esseri con sei dita nelle mani e nei piedi.

Gli indiani Hopi, quando videro l'essere nel filmato dell'autopsia di Santilli, dissero che i loro avi chiamavano questi alieni, Star Warriors (Guerrieri delle Stelle).

Gli altri esseri, almeno 9 cadaveri recuperati a Roswell, erano di due razze simili ma diverse. Quelli visti da Corso, con occhi insettivori, i classici Grigi con 4 dita per mano e che in futuro si macchieranno dei famosi rapimenti. L'altro ufo conteneva esseri simili a quelli precedenti con lineamenti più orientali. I ricercatori, scienziati americani, chiamarono questi esseri, Ebe 1, 2 e 3 (EBE, significa Entità Biologica Extraterrestre).

Una testimonianza importantissima è stata quella di Glenn Dennis, impresario della Ballare Funeral di Roswell: Glenn ricevette una telefonata da un militare che gli chiedeva se avesse 8 casse lunghe da tre a quattro piedi (1 metro e 25 centimetri).

Glenn rispose che ne aveva solo un esemplare ma che se occorreva, avrebbe fatto richiesta il giorno dopo al deposito di Amarillo nel Texas.

Allora Glenn chiese se era successo un'incidente aereo, ma l'interlocutore chiuse il dialogo rapidamente.

Un'ora dopo, il fantomatico militare, richiamò chiedendo come avrebbe dovuto trattare cadaveri rimasti esposti troppo tempo all'esterno, nel deserto, per tre o quattro giorni, Glenn Dennis rispose di non essere un mummificatore e di non avere esperienza in queste cose.

Incuriosito, l'impresario volle andare all'ospedale militare per constatare di persona cosa era successo e, con la scusa di accompagnare un militare ferito ad una mano, giunse a destinazione.

Riuscì ad eludere un cordone di protezione all'ingresso dell'ospedale ed entrò. Si trovò di fronte ad un trambusto incredibile, nel cortile vide alcune autoambulanze con i portelli aperti e cariche di frammenti metallici simili ad alluminio con sopra incisi simboli simili a geroglifici.

Ad un certo punto, andò da un distributore di bibite e chiese ad un ufficiale se c'era stato un incidente aereo.

Non lo avesse mai fatto, l'ufficiale gli chiese chi fosse, e Glenn dopo aver dato le sue generalità lo informò della telefonata ricevuta.

L'ufficiale chiamò due militari e lo fece scortare fino al suo ufficio.

Strada facendo, Glenn incontrò una sua amica, un'infermiera dell'ospedale che era uscita con un panno in bocca, come se stesse per rimettere.

La donna riconoscendolo gli chiese: "Glenn cosa fai qui? Vuoi farti fucilare?". Glenn mentre usciva vide altre due persone uscire dalla stessa stanza da dove era uscita la ragazza, anch'essi con un panno alla bocca.

Il giorno dopo, Glenn e la ragazza si sentirono al telefono e si diedero appuntamento, durante l'incontro avvenuto in un bar, la ragazza, mostrò a Dennis degli schizzi di alieni, fatti da lei.

Nei disegni si mostravano i lineamenti macrocefali, glabri, con grandi occhi, due fessure al posto del naso ed una fessura al posto della bocca, ed inoltre gli schizzi delle mani con quattro dita.

La ragazza di cui Glenn non volle mai riferire il nome, gli raccontò che i tre esseri umanoidi in loro possesso erano stati recuperati nel deserto e che due di loro oltre alle ferite d'impatto erano stati conciati male dagli animali predatori e che emanavano un fetore nauseabondo.

Gli disse poi che l'autopsia era stata tentata da due patologi arrivati dall'ospedale Walter Reed Hospital di Washington; poi la ragazza bruciò con dei fiammiferi gli schizzi e della donna Glenn non seppe più nulla.

Gli fu detto che si era trasferita in Inghilterra, gli diedero anche l'indirizzo, Glenn gli scrisse ma la corrispondenza gli ritornò con la stampigliatura: "Destinatario deceduto".

Tramite Walter Haut, si seppe poi che i rottami con l'ufo e i cadaveri degli alieni presero il volo per Wright Field Air Command nell'Ohio, dopo essere stati custoditi nell'Hangar 84 di Roswell e dopo aver fatto sosta a Fort Worth nel Texas.

Il pilota che li trasportò fu il comandante pilota Henderson, tutta la missione fu diretta dal Generale Hoyt Vandenberg da cui dipendeva direttamente il già citato Generale Roger Ramey.

Una seconda colonna partì via terra, verso Fort Worth, con cinque camion con pianale ribassato da 35 quintali, con rottami camuffati con pezzi di un aereo da riparare nella base dell'Ohio.

Dopo aver superato Fort Bliss nel Texas, arrivarono a Fort Riley nel Kansas dove il Colonnello Corso vide una bara con all'interno un alieno conservato in un liquido gelatinoso.

Per concludere gli ufo-crash furono tre, il primo a Magdalena, il secondo a Corona ed il terzo a San Augustin.

Quale fu la causa delle cadute di questi ufo?

C'è chi sostiene che siano stati i fulmini durante il temporale, ma pensare che esseri provenienti da altre stelle non conoscessero la meteorologia della terra, è impossibile.

Altri sostengono che siano state le nostre armi ad abbatterli, visto come finì a Los Angeles credo proprio che la tecnologia umana non fosse all'altezza di farlo.

Dunque non resta che una possibilità: che gli ufo si siano abbattuti in combattimento.

La spiegazione da parte extraterrestre potrebbe essere questa: il 31 maggio, i Grigi di Zeta 2 Reticuli, attaccano gli Star Warrior a Magdalena, abbattono questo ufo e muoiono 4 o 5 alieni.

Gli Zeta 1 Reticuli, cugini dei grigi provenienti dalla loro stella compagna si abbattono a vicenda, anche in questo caso almeno 8 morti.

Iniziano gli incontri ravvicinati

Il 21 luglio 1947, dopo 29 giorni dall'avvistamento di Arnold, avviene il primo avvistamento ravvicinato del terzo tipo.
José Higgins, presso Baurù, Stato di San Paolo (Brasile), udì un sibilo penetrante e vide un grande disco che stava atterrando.
Era lungo circa 40 metri, fatto di un metallo bianco grigiastro e una volta al suolo, si reggeva su zampe metalliche incurvate.
Gli operai che erano con lui fuggirono, Higgins si trovò da solo di fronte a tre entità alte due metri e dieci centimetri, che indossavano tute trasparenti che ricoprivano la testa ed il corpo e sembravano sacchi di gomma.
Avevano grandi occhi ed erano glabri, con gambe proporzionalmente più lunghe delle nostre.
Portavano sulla schiena cassette metalliche, Higgins non seppe dire se erano maschi o femmine, ma li giudicò dotati di una strana bellezza.
I tre lo circondarono, uno di loro gli puntò in faccia un tubo metallico, sembrava che volessero indurlo a salire suo disco.

Higgins, notò che gli alieni non sopportavano la luce del Sole, grazie a questo, riuscì a fuggire, nascondendosi dietro un cespuglio.

Higgins rimase nascosto per circa mezz'ora e vide i giganti saltare, fare capriole e lanciare enormi sassi, come se stessero festeggiando il loro atterraggio.

Poi i tre ritornarono sul disco che con un sibilo partì velocissimo puntando verso Nord.

Higgins si ricordò che prima di fuggire, uno di loro fece un buco per terra e gli disse che quella era Alamo, la loro stella, poi fecero altri buchi ed indicando il settimo, il più lontano, dissero che quello era Orque, la loro patria.

Tornando al disco, aveva un orlo tutto attorno, dando all'oggetto la forma di Saturno.

L'ufo riapparirà nel 1958 e sarà fotografato da una nave della Marina brasiliana. Il 14 agosto 1947, il signor Johannis, nel massiccio della Carnia, si imbatté in un ufo metallico atterrato ed ebbe poi ha un incontro ravvicinato con i suoi piloti.

Erano di piccola statura, 1 metro e 30 circa, macrocefali, coperti da una cuffia, con grandi occhi, simili a quelli del gatto, il colore del volto era verdognolo, portavano cinture, da una di queste partì un fumo che paralizzò il testimone. Uno degli alieni, prese la picozza di Johannis,

strappandogliela di mano e il malcapitato notò che l'alieno possedeva 8 dita contrapposte, a formare come delle pinze.
Poi gli alieni ritornarono sull'ufo e ripartirono, non siamo certi che fossero umanoidi, potrebbero anche essere stati dei robot.

Il Majestic-12

Dopo il caso Roswell, il Presidente degli Stati Uniti Truman dopo aver fondato la CIA il 20 settembre 1947, ed in sostituzione del CIC fonda poi il Majestic-12.
Ufficialmente il gruppo è fondato il 24 settembre dello stesso anno, su suggerimento del ministro della difesa James Forrestal e del dottor Vannevar Bush.
Il gruppo dovrà operare nel totale top-secret, le finalità del gruppo saranno:
a) Il recupero per studi scientifici di ogni materiale o ordigno di manifattura straniera o extraterrestre, saranno recuperati dal gruppo con ogni mezzo ritenuto necessario.
b) Il recupero per studi scientifici di ogni entità o resto di entità di origine non terrestre che possa essere disponibile per azione indipendente di tali

entità, o per incidente, ovvero a causa di attività militare.

c) La costruzione e l'organizzazione di Gruppi Speciali per attuare le operazioni di cui sopra.

d) La costituzione e l'organizzazione di strutture ed installazioni speciali di sicurezza in località segrete comprese nei confini degli Stati Uniti per ricevere, sviluppare, analizzare e studiare scientificamente ogni materiale o entità classificati di origine extraterrestre, ad opera dei Gruppi Speciali.

e) La costituzione e organizzazione di operazioni sotto copertura di condursi di concerto con la CIA per effettuare il recupero per gli Stati Uniti di tecnologie ed entità extraterrestri manifestatesi nel territorio di potenze straniere ovvero venute in possesso di queste.

f) la costituzione e l'organizzazione della segretezza al massimo grado e più assoluta, circa le operazioni di cui sopra.

Ecco i membri che comporranno il Majestic-12:
- Ammiraglio Rascoe Hillenkoetter, primo direttore della CIA.
- Dr. Vannevar Bush, presidente generale ricerca e sviluppo.
- James Forrestal, Ministro della Difesa.
- Gen. Nathan Twining, comandante Material Command di Wright Field.

- Gen. Hoyt Vandenberg, capo Intelligence Militare, dipartimento di guerra
- Dr. Detlev Bronk, biofisico commissione scientifica.
- Dr. Jerome Hunsaker direttore dipartimento dell'Aeronautica.
- Sidney Souers, primo direttore Central Intelligence.
- Gordon Gray, sottosegretario della difesa.
- Donald Menzel, docente di astrofisica.
- Gen. Div. Robert Montagne, comandante a White Sands (base missilistica).
- Lloyd Berkner, Segretario comitato Ricerca e sviluppo.

Il caso Mantell

Dopo gli ufo-crash avvenuti nel 1947, la Fratellanza Cosmica sorvegliante il nostro pianeta, decise di munire le loro navi di schermo protettivo magnetico, per evitare attacchi da parte di razze bellicose.
Nelle prime ore del 7 gennaio 1948, un enorme oggetto rotondo e luminoso, viene segnalato sopra Medisonville nel Kentucki.
Alle ore 13.30 la polizia diede l'allarme a Fort Knox, dove come si sa sono depositate le riserve auree degli Stati Uniti.
Alle 13.45, l'ufo fece la apparizione sulla base aerea di Godman, il Colonnello Hix, comandante della base, vedendo l'ufo librarsi sul campo d'aviazione cambiando colore, ordinò a tre caccia P-51 di andare ad accertarsi della natura dell'oggetto non identificato.
La squadriglia si trovava sotto il comando del Capitano Thomas Mantell, asso dell'aviazione americana nella seconda guerra mondiale.
Alle 14.45, Mantell chiamò alla radio la torre di controllo dell'aeroporto dicendo: "Ho visto l'oggetto è sopra la mia testa. Cercherò di avvicinarmi per vederlo meglio. Sembra metallico, è di dimensioni spaventose. Ora si alza e si muove

alla mia stessa velocità, 580 chilometri l'ora. Lo seguo fino a 6.000 metri di quota ma lui è più in alto."

Non era possibile per i piloti salire oltre, perché nessuno di essi possedeva la maschera dell'ossigeno.

Nel frattempo Hix seguiva la missione da terra con binocolo; l'ufo era tutto bianco con una striscia colorata che sembrava ruotare.

I piloti compagni di Mantell rinunciarono all'inseguimento, mentre il comandante continuò a seguirlo, le ultime parole di Mantell furono: "Dio mio c'è della gente in quel coso".

Poi Mantell scomparve in una nube bianca.

Il relitto del suo aereo fu trovato a 145 chilometri dal campo d'aviazione; il corpo di Mantell fu trovato stampato su di una roccia, disintegrato per linee orizzontali.

Il suo corpo è stato estratto dalla carlinga da una grande forza magnetica che lo ha poi scaraventato lontano.

Il nuovo Sheran della Fratellanza, Ashtar volle sapere con precisione come si erano svolti i fatti. Poi ordinò di staccare la fascia protettiva magnetica di difesa, per evitare altri incidenti come questo.

Da quel momento il motto degli ufficiali e degli scienziati terrestri fu: "Intercettateli senza sparare."

Riprendono i combattimenti

La decisione di togliere gli scudi protettivi dalle navi fu un'arma a doppio taglio.
I Grigi ne approfittarono e attaccarono le navi extraterrestri di chi monitorava le zone per evitare che essi fondassero basi sulla Terra.
Quazgaa, il capo dei Grigi, decise di attaccare in massa i ricognitori avversari; il primo grande incrociatore di 33 metri degli orientali di Zeta 1 venne attaccato su Aztec, Nuovo Messico dai Grigi di Zeta 2.
L'incrociatore trasportava 16 esseri extraterrestri, il 25 maggio 1948 l'ufo colpito precipitò, per nessuno degli occupanti ci fu scampo.
Il secondo incrociatore fu colpito e distrutto su Four Corner, altre 16 vittime, provenivano da Epsilon Eridani.
Un piccolo ricognitore con 2 extraterrestri a bordo venne attaccato e distrutto a Phoenix (Arizzona); il 7 luglio un ricognitore cadde a Laredo (Texas), il piccolo pilota di 86 centimetri di altezza, veniva anche lui da Epsilon Eridani.

La Fratellanza allora decise di mandare sulla Terra le loro navi più sofisticate.

Arrivarono i Masar e i Methari di alfa Centauri che mandarono fuori dell'atmosfera terrestre moltissime navi di Zeta 2.

Su White Sands, i Methariani volarono a 28.000 chilometri orari.

La notte del 20 agosto 1949, Clyde Tombaugh, lo scopritore di Plutone, vide passare sopra il suo osservatorio un fuso con oblò, Clyde dichiarò che era silenzioso e non assomigliava a nessun aeromobile conosciuto.

Nel febbraio del 1950, viene fatto cadere un ufo dei Grigi a Laredo, il pilota muore poco dopo il recupero. Il 15 maggio, un altro ufo dei Grigi viene abbattuto presso Bahia Blanca in Argentina e dopo averlo abbattuto un altro ufo lo disintegra.

Liberatisi degli Zeta 2 del Reticolo, gli extraterrestri vengono sulla Terra ad ondate.

Due vere invasioni

Quelle del 52 e del 54 furono vere invasioni di ufo, in Francia, Stati Uniti, nell'America Centrale e del Sud: incontri ravvicinati, ufo che si avvicinano ad aerei di linea, grandi navi madri a forma di sigaro, dischi ricognitori visti uscire da queste grandi navi, sciami di ufo in formazione, a velocità incredibili.

Il contattismo

Nasce il contattismo, uomini che dichiarano di essere in contatto con gli Extraterrestri.
I contattisti si dividono in due categorie: quelli medianici che ricevono messaggi telepatici dagli extraterrestri, e quelli che hanno contatti fisici con loro e che ricevono messaggi dagli esseri di altri pianeti.
Il primo ad avere contatti telepatici fu l'americano George Van Tassel, questi contattò parecchi esseri extraterrestri che parlavano a lui dalla base orbitale Share Vela, tra questi il fantomatico Ashtar Sheran, comandante in capo della flotta extraterrestre della Fratellanza Cosmica Universale.
Altri contattisti medianici che ricevettero queste canalizzazioni furono i medium della pace di

Berlino guidati da Victor Speer e dai suo figli, i medium dell'Alaya di Venezia, Eugenio Siracusa, Truman Bethurum, Daniel Fry, Orfeo Angelucci, Donald Menzel ed altri.

George Adamski

Il più famoso dei contattisti fu senza dubbio George Adamski.
Nato in Polonia nel 1891, ha vissuto tutta la vita negli Stati Uniti, in California. Abitava nelle vicinanze di Monte Palomar, ed era appassionato di astronomia e di tecniche esoteriche orientali.
Il 20 novembre 1952, nel Desert Center della California, ebbe un incontro ravvicinato con un extraterrestre atterrato con il suo disco volante.
In questo suo primo incontro l'essere gli parlò telepaticamente, mentre nei successivi incontri si espresse in perfetto inglese.
Adamski lo chiamò Orthon, in realtà il suo vero nome era Odin.
Perfettamente uguale a noi, coi capelli lunghi e biondi, indossava una tuta in un unico pezzo, che sembrava la tuta degli sciatori di quei tempi, con una fasciatura in vita.

Egli lasciò con l'ausilio degli stivaletti, un'impronta nel terreno, con simboli sconosciuti, Adamski ne fece un calco.
Il contattista fotografò più volte dischi volanti di questa razza extraterrestre, con il suo telescopio, grazie all'immobilità degli oggetti stessi.
Fotografò anche il sigaro dal quale fuoriescono i dischi e questi ricognitori nel momento dell'uscita.
In seguito ebbe incontri con questi esseri extraterrestri anche a casa sua e in città, infatti, grazie alla loro somiglianza con gli esseri umani, si nascondevano facilmente fra la gente Californiana.
Dopo numerose ricerche si scoprì che i segni lasciati dagli extraterrestri nel deserto, erano simili a quelli lasciati anticamente sulla Pedra Pintada a Boa Vista in Brasile e risalenti a 4.000 anni fa.
Qualcuno ha cercato inoltre di tradurre quelli lasciati a George Adamski, risulterebbe che il significato sia: "Noi qui ci siamo già stati."
Adamski, col suo produttore Desmond Leslie, ha scritto: "I dischi volanti sono atterrati", "A bordo dei dischi volanti" e "I dischi volanti ritorneranno".
In compagnia di altri extraterrestri, Ra-mu e Solgonda, Adamski dichiarò di essere salito sul loro disco e di aver volato con loro fino attorno alla Luna.

Avrebbe anche conosciuto una femmina extraterrestre di nome Kalna.
Quando George morì nel 1965, venne sepolto nel cimitero monumentale di Arlington in Virginia.

Gli ufo sfidano Washington

Gli Ufo sfidano la capitale.
La notte fra il 19 ed il 20 luglio 1952 otto tecnici del traffico aereo con a capo Harry Barnes, dell'aeroporto di Washington, segnalarono sul loro radar 7 ufo in avvicinamento rapido.
I radaristi Ritchey e Copeland chiesero conferma alla torre Howard Cocklin che confermò la segnalazione.
Allertato l'Air Defence Command, due ufo ora si trovavano sulla Casa Bianca, mentre un terzo sul Campidoglio.
Barnes chiamò allora Andrews Field nel Maryland, risposero che pure loro avevano avvistato gli ufo, ma che non avrebbero potuto mandare i caccia intercettori, perché il campo era in ristrutturazione e i loro reattori erano a New Castle, i caccia sarebbero arrivati dal Delaware, quindi avrebbero impiegato più di mezz'ora per raggiungere Washington.

Intanto un ufo aveva seguito un aereo di linea che era appena decollato.

Il pilota dell'aereo dichiarò che l'ufo stava volando a 200 chilometri all'ora e che poi in 4 secondi era passato alla velocità di 800 chilometri l'ora.

Un altro ufo che stava viaggiando a 150 chilometri orari, si bloccò di colpo rimanendo immobile.

L'operatore Joe Zacko, che usava una strumentazione sofisticata, calcolò con il suo radar super fine che uno degli ufo stava viaggiando a 3.218 chilometri al secondo, 11.520 chilometri orari.

Tutta notte gli ufo volteggiarono sulla capitale, indisturbati.

Alle 5.30 del mattino l'ultimo grande ricognitore volò nel cielo.

I caccia non si fecero vedere. In realtà il Pentagono conosceva questi ufo, e sapeva che i nostri caccia sarebbero stati incapaci di seguirli.

La tecnologia di questi extraterrestri era migliaia di anni avanti la nostra.

Il caso Lotti

Ho catalogato decine e decine di incontri ravvicinati del terzo tipo.
Per elencarli tutti, dovrei usare almeno mille pagine.
Ma un caso che non posso dimenticare è quello di Rosa Lotti di Cennina (Arezzo).
Il 1° novembre 1954 si stava recando alla prima messa, doveva superare un bosco ricco di cespugli che invadevano il percorso, dunque si tolse le calze di nylon per non danneggiarle se le tenne strette in mano, portava anche un mazzo di fiori, omaggio ai suoi defunti.
Poi vide, semi nascosto dietro a dei cespugli, un oggetto metallico simile ad un fuso conficcato nel terreno e poggiato su zampe.
Giunta a pochi metri dallo strano oggetto, ecco che da dietro sbucarono due piccoli esseri, che in un attimo gli si pararono davanti.
Erano alti un metro circa e dai lineamenti simili ai nostri, i loro occhi erano belli, dando l'impressione di essere buoni ed intelligenti.
La lotti notò che avevano denti bianchissimi.
I due indossavano una tuta grigia aderente che copriva anche le gambe ed i piedi, sulle spalle portavano un mantello e sul petto un giubbotto

accollato con bottoni lucenti, sulla testa portavano un copricapo simile a quello dei motociclisti dei tempi.

Parlarono tra loro pronunciando una frase che suonava così: "Liu, lai, loi, lau, loi, lai, lui".

Ad un tratto uno di questi lillipuziani cercò di strappare di mano il mazzo di fiori alla signora Lotti, mentre l'altro gli stappò le calze che teneva strette e le gettò all'interno del fuso.

La Lotti protestò in modo deciso, e allora uno le restituì parte dei fiori ma non le calze.

Tutto fu eseguito senza violenza, poi uno di loro, prese dal fuso un oggetto a forma di tubo e parve voler fare alla donna una fotografia.

La donna ebbe paura e scappò verso Cennina, poi si voltò e vide i due ancora intenti a parlare tra loro.

Passarono gli anni, ma la Lotti non cambiò mai la sua descrizione, fino alla sua morte avvenuta il 26 ottobre 2006 a 92 anni.

Un ufo a Monza

L'8 novembre 1954 si vide una luce all'interno dello stadio di Monza che era chiuso non essendoci incontri all'interno.
In poco tempo si radunarono almeno 150 curiosi che sfondarono il cancello ed entrarono.
Videro un disco che poggiava su tre gambe e che emetteva una luce bianchissima.
Attorno all'oggetto vi erano diverse figure vestite con abiti chiari e che portavano caschi trasparenti, sembravano comunicare tra loro con versi gutturali.
Uno di essi aveva il viso scuro e portava una specie di tubo fino alla bocca, probabilmente un respiratore.
Infine, l'ufo volò via senza fare rumore.

L'ufo che fermò una partita di calcio

Il 27 ottobre 1954 a Firenze, allo stadio comunale, davanti a 10.000 persone si stava giocando un'amichevole, Fiorentina-Pistoiese, gli spettatori cominciarono a guardare gli ufo che volteggiavano sopra l'arena e a non seguire più la partita.
Verso le 15, l'arbitro fischiò e sospese la partita, mentre uno degli ufo, scaricò verso il terreno una sostanza lattiginosa.
Uno dei giocatori della Fiorentina, Magnini, ne raccolse un po' in un contenitore, finita la partita, lo consegnò ad una amica appassionata di chimica. Questa l'analizzò e disse che si trattava di una sostanza boro silicea.

Il caso Hopkinsville

Il 22 agosto 1955 la fattoria della famiglia Sutton fu letteralmente assediata da strani esseri venuti dallo spazio.
Siamo ad Hopkinsville, nel Kentucki, veniamo ai fatti: Bill Taylor parente dei Sutton, che era uscito per attingere acqua, rientrò velocemente gridando che un'astronave era atterrata nel campo vicino.

L'intera famiglia, vide allora una piccola creatura spettrale, avvicinarsi alla loro casa.

L'essere, alto circa un metro, aveva occhi enormi, molto distanti fra loro, orecchie elefantine, labbra che come un solco andavano da un orecchio all'altro, le braccia lunghe e sottili, con mani che terminavano con artigli.

Pur rimanendo ritta, l'entità per correre, si lasciava cadere su quattro zampe. Parecchi di questi esseri, invasero la zona circostante la casa.

Alcuni si arrampicarono sulle piante, altri sul tetto della casa.

Ad un tratto Sutton, dalla porta, sparò ad uno di essi, questi rimase ferito, cadde, si rialzò e corse via usando le quattro zampe.

Più tardi, Taylor, uscì e si trovò alle prese con uno di questi che si era arrampicato sulla pensilina sotto il tetto e che cercò di toccargli i capelli. L'assedio durò per tutta la notte, verso l'alba, la famiglia riuscì a fuggire su di un auto e a raggiungere il vice sceriffo George Batts.

Questi con due agenti raggiunse la fattoria, ma non trovarono traccia degli alieni e della loro astronave.

Quando i nativi americani videro gli schizzi di questi esseri, dissero che i loro vecchi raccontavano di queste creature, che loro chiamavano lunatici e che si avvicinavano spesso ai loro accampamenti, poiché erano curiosi, dispettosi, ma non bellicosi, e che i capi tribù erano costretti a cacciarli.

L'incontro molto ravvicinato di Villas Boas

Il 15 ottobre 1957, un contadino di 23 anni, un certo Antonio Villas Boas, stava arando il suo campo di notte, come si usa da queste parti, data l'enorme calura, nei pressi di Sao Francisco de Sales, nello Stato del Minas Gerais, in Brasile.
Ad un tratto il trattore si spense ed Antonio vide un ufo lungo una decina di metri ed alto sette, a forma di pesce.
L'ufo che era munito di luci accecanti, scese e con l'ausilio di tre zampe, atterrò a non più di tre metri da lui.
Dall'oggetto uscirono quattro esseri con tute ruvide ed aderenti e caschi molto alti con tubi che si collegavano con bombole portate a tracolla.
Gli esseri lo costrinsero a salire sulla nave, una volta all'interno, gli applicarono sulle guance una specie di ventosa a forma di calice che permise loro di prelevargli del sangue.
A questo punto nella sala si diffuse un odore nauseante che lo fece stare male. Venne lasciato

solo e dopo circa mezz'ora, si aprì una porta e comparve una bella donna, completamente nuda con i capelli biondi, divisi nel mezzo, che gli scendevano fino a metà del collo.

La sua peluria pubica, era di un rosso intenso, la sua altezza non superava il metro e 45 centimetri.

La donna manifestò subito le sue intenzioni, strofinandosi sul corpo di Antonio. I due ebbero un rapporto carnale, al termine, Antonio tentò un secondo rapporto, anche se la donna cercò timidamente di sottrarsi.

Subito dopo entrò nella stanza un altro componente dell'equipaggio, che la donna seguì.

Ma prima di andarsene, indicò con un dito il suo ventre e poi il cielo, come per indicare che il loro figlio sarebbe nato lassù.

Poi gli esseri fecero visitare a Villas Boas l'intera nave, Antonio cercò di impadronirsi di un oggetto, ma gli fu impedito.

Venne poi ricondotto a terra tramite una scaletta. A questo punto la parte superiore dell'ufo cominciò a ruotare, le luci si fecero più intense, poi il velivolo decollò fino ad una certa altezza per poi schizzare via ad altissima velocità. L'esperienza di Antonio durò in tutto 4 ore e 15 minuti, ed alla fine il suo trattore si riaccese.

L'ex contadino analfabeta, il 5 novembre 1978, ora avvocato e felicemente sposato con quattro figli, comparì davanti alla televisione brasiliana ricordando i fatti.
Antonio morì nel 1991 all'età di 56 anni.

Il caso Muroc

Il caso più sconcertante dell'ufologia, rimane il caso Muroc Field, oggi base Edwards, nel deserto della California.
Gli extraterrestri contattarono addirittura il Presidente degli Stati Uniti, Eisenhower, e diedero appuntamento in quella base.
Il Presidente si portò con se, alcuni generali, il reporter Franklin Allen ed il vescovo cattolico di Los Angeles James Mc Intyre.
Quando arrivarono, lo scenario era a dir poco sconvolgente.
Gli uomini di guardia erano immobili sotto chiaro stato ipnotico.
La delegazione fu condotta davanti a quello che doveva essere il capo degli extraterrestri, che parlò al Presidente telepaticamente.
Questi esseri erano del tutto simili agli umani, alti, robusti, ma glabri.

Il capo extraterrestre indicò al Presidente Eisenhower un piano per catechizzare gli abitanti del pianeta, per prepararli ad uno sbarco di massa degli extraterrestri, poi mostrò al Presidente e al suo seguito le loro capacità tecnologiche, mostrando come volano le loro navi e come possono essere rese invisibili.

In tutto nella base erano atterrati cinque oggetti, tre a forma di disco e due a forma di sigaro. Poi gli esseri risalirono sulle loro navi e ripartirono.

Eisenhower stava per comunicare l'accaduto al mondo intero, ma poi ebbe un ripensamento temendo un contraccolpo sociale e religioso a livello planetario. Qualcuno pensa che questi esseri fossero dei Grigi, non è così, facevano parte della Fratellanza, e di una razza che poi si sarebbe chiamata degli Ummiti, che in futuro collaborarono con i terrestri.

Provenivano dal pianeta Ummo della stella Shumma, chiamata da noi Wolf 424, distante 14 anni luce dalla Terra.

Il patto scellerato

Dopo un veto durato alcuni anni della Fratellanza Cosmica, emesso nei confronti dei Grigi, che vietava loro di avvicinarsi alla Terra, fu permesso loro di ritornarci, ma di non poter creare basi segrete sul nostro pianeta.
Questo non impedì loro di prendere contatti col Majestic-12 che nel frattempo aveva spostato i relitti recuperati e i cadaveri di alieni da Fort Worth alla nuova base di Area 51 sezione S-4 nel Nevada a Nord di Las Vegas.
Il patto consisteva nel fornire agli alieni materiale umano preso dalle forze militari, al fine di riprodurre con esso un esemplare extraterrestre, non ibrido, dato che la lo razza dei Zeta 2 del Reticolo era ormai in fase di estinzione.
Per questa operazione i Grigi donavano agli americani tecnologia aliena, solo a loro e a nessun'altra potenza terrestre.
Il patto venne suggellato, ma durò poco, perché gli americani si accorsero che i Grigi stavano prendendo contatti anche con i Russi.
Non sappiamo se i primi militari sono stati presi in consegna dai Grigi che in ogni caso avrebbero dovuto restituirli sani ed integri.

Una cosa è certa: rotto il patto, in Area-51 rimase un alieno grigio a disposizione degli americani, che collaborò con loro e telepaticamente fornì dati tecnologici.
Dopo la cancellazione del patto scellerato, cominciarono i rapimenti.

Il rapimento dei coniugi Hill

A metà di settembre del 1961, Betty e Barney Hill, lei bianca di 41 anni lui di colore di 36 anni, stavano tornando a Portsmouth nel New Hampshire (USA) dopo una breve vacanza in Canada.
Intimoriti dalla notizia dell'arrivo di un uragano, avevano deciso di guidare tutta notte, per evitare il maltempo.
Così nella notte fra il 19 ed il 20 settembre gli Hill stavano percorrendo la statale N°3 nei pressi di Groveton, quando videro nel cielo limpido un oggetto puntiforme che si muoveva in direzione Sud-Ovest, accanto alla Luna e sopra il pianeta Giove, visibile all'orizzonte.
L'oggetto che aumentava di intensità luminosa, compiva strani movimenti verticali e oscillanti.

Incuriosita, Betty prese il binocolo e cominciò ad osservarlo dal finestrino, mentre il marito continuava a guidare.

Betty, non riuscendo ad identificare l'oggetto, decise di far fermare l'auto per osservarlo meglio.

L'ufo sembrò allora allontanarsi. I coniugi decisero di ripartire sulla loro Chevrolet Bel Air 57, ma ben presto, l'ufo si fece rivedere e scortò per circa due ore il tragitto dei coniugi.

A tre chilometri e mezzo da North Woodstock, la strada era deserta ed era passato molto tempo da quando avevano incrociato l'ultima macchina.

I due decisero di fermarsi un'altra volta, Betty passò il binocolo a Barney che poté osservare due file di finestrini che seguivano la forma convessa dello scafo dell'aeronave e dai quali fuorusciva una luce fluorescente di colore bianco-bluastro.

L'ufo compiva continui cambiamenti di direzione, con cambi d'altezza.

Ad un tratto, l'oggetto si avvicinò talmente da mostrare oltre la sua forma discoidale, anche due alette laterali.

I coniugi scesero dall'auto e videro la nave compiere alcuni giri attorno la loro auto e fermarsi poi a 30 metri d'altezza, ad una distanza di 35/40 metri da loro. Barney ancora convinto che si trattasse di un velivolo convenzionale, forse militare, volle avvicinarsi di più, lasciò la moglie in auto e si avvicinò di più scomparendo dietro a degli arbusti.

Si avvicinò così tanto da poter scorgere attraverso gli oblò una dozzina di occupanti, vestiti con divise simili a quelle dei nazisti.

Questi si muovevano rapidamente all'interno dell'abitacolo, dando l'impressione di essere automi.

Uno solo era rimasto fermo davanti l'oblò ed osservava Barney, che avvertì subito una strana energia che proveniva da quell'essere.

Fu in quel momento che Barney capì che ciò che aveva davanti non corrispondeva a ciò che aveva pensato fino a quel momento.

Preso dal panico e temendo di essere rapito, l'uomo corse alla macchina urlando: "Ci vengono a catturare!", e rientrando nella vettura venne preso da una crisi isterica, continuando a gridare che non credeva a ciò che aveva veduto. Dopo aver condotto l'auto per alcuni chilometri, sentirono uno strano sibilo proveniente da dietro il mezzo, accompagnato da una serie di "Bip", e subito dopo i loro corpi vennero presi da una specie di torpore.

Betty guardò alle sue spalle e dell'ufo non c'era più traccia.

A questo punto i ricordi degli Hill, si fecero confusi, ebbero un missing time, una perdita di ricordi per più tempo, per almeno due ore, nel quale avrebbero guidato per 60 chilometri.

Il giorno dopo, esaminando la loro auto scoprirono che la superficie del cofano era segnata da una dozzina di cerchi della grandezza di un dollaro e che l'intera vettura risultava magnetizzata, tanto che avvicinandogli una bussola, questa impazziva.

Impressionati da quanto era successo, decisero di contattare l'USAF che inviò a ad interrogarli il maggiore Henreson.

Questi, convinto dell'attendibilità dei due, dopo alcuni giorni inviò un rapporto ufficiale al Blue Book.

Secondo i resoconti del SAC (Comando Aereo Strategico), la notte dell'avvistamento, un ufo fu captato dai radar militari nel New Hampshire, luogo del presunto sequestro.

Betty inoltre interessò il maggiore Keyhoe, ed il 25 settembre la donna scrisse all'ufficiale raccontandogli l'accaduto e sperando di avere consigli dal NICAP che li interrogò in seguito per alcune ore convinti della veridicità dei fatti narrati.

In seguito Betty ebbe continui incubi notturni nei quali sognava di essere rapita da strane creature e con lei pure il marito, veniva portata a bordo, poi rilasciata, veniva assicurata dagli esseri che al risveglio, non avrebbe ricordato nulla.

A partire dal 1962, Betty accusò attacchi di panico, Barney, invece, accusò disturbi fisici come ulcera duodenale, pressione alta, esaurimento nervoso ed un anello di verruche attorno all'inguine.

Barney decise allora di rivolgersi al dottor Duncan Steephens della clinica di Exeter il quale lo tenne in cura per un anno, senza ottenere risultati positivi.

Il medico giunse alla conclusione che il paziente doveva essere affetto da problemi psicologici che generavano queste patologie e consigliò a Barney di consultare uno specialista, il professor Benjamin Simon, neurologo ed ipnologo di Boston.

Fu così che nel gennaio del 1964, Betty e Barney iniziarono le loro sedute ipnotiche.

Il trattamento si protrasse per ben sei mesi, durante il quale i coniugi ricostruirono quelle due ore di ricordi mancanti.

Quello che emerse nelle sedute, fu una ricostruzione eccezionale, coincidente nelle versioni dei due, che iniziava con il bip bip ascoltato.

L'auto era stata deviata da una forza sconosciuta in una stradina bianca dove si era poi fermata.

Qui i due erano stati raggiunti da alcuni umanoidi provenienti dalla nave, che apparivano di bassa statura, con occhi lunghi orizzontali, privi di labbra.

Trascinati fuori dall'auto, vennero portati sul velivolo alieno ed una volta dentro erano stati sottoposti a vari esami fisici.

A Betty erano state tagliate le unghie e delle ciocche di capelli, poi le era stato infilato un ago nell'ombelico, quasi si trattasse di un moderno test di gravidanza che però all'epoca non era ancora conosciuto.

A Barney che era stato per tutto il tempo con gli occhi chiusi, senza comunicare con i rapitori, era stato applicato uno strumento circolare all'inguine.

Le registrazioni ipnotiche degli Hill restano di una drammaticità sconvolgente. Barney tentò più volte di sfuggire alle azioni dei sequestratori, senza mai riuscirvi.

Successivamente alla donna venne mostrato un libro scritto con caratteri incomprensibili e quella che sembrava una mappa stellare priva di iscrizioni nella quale gli astri erano collegati con delle linee, come ad indicare rotte spaziali.

Uno degli alieni, che fu indicato dai coniugi come il capo, aveva cominciato a comunicare con Betty in un miscuglio di lingue, poi telepaticamente, dicendole che in seguito non avrebbe più avuto ricordi dell'accaduto.

Durante le sedute, Betty ricostruì la mappa stellare che fu lungamente studiata da una maestra, la loro amica Marjorie Fish, dell'Ohio che non riscontrando nessuna analogia con le costellazioni viste dalla Terra, ebbe l'intuizione di pensare che le stelle in questione erano state disegnate come si vedevano dal loro sistema solare.

Fu così che la Fish scoprì che si trattava di esseri provenienti dalla stella Zeta 2 della costellazione del Reticolo, e capì che le linee in collegamento mostravano le stelle da loro visitate o addirittura colonizzate queste sarebbero state: Zeta 1 Reticuli, Glise 86, Alpha Mensae, 82 Erudani, ed il nostro Sole, altre collegate con trattini, sarebbero state solo parzialmente visitate e risultavano essere: Tau Ceti, 54 e 107 dei Pesci, Tau 1 Eridani, Glise 59 e 67, mentre Sirio non era stata visitata.

Nel 1967, gli Hill si sottoposero ad un altro studio ipnotico in presenza del dottor Simon e del Professor Hynek e di numerosi consiglieri scientifici dell'U.S. Air Force.

Nel 1969 Barney, colpito da emorragia cerebrale, moriva all'età di 46 anni, mentre Betty approfondì lo studio dell'ufologia e del paranormale.

Anche gli astronauti vedono gli ufo

Il 20 febbraio del 1962, l'astronauta americano John Glenn, di ritorno dal volo orbitale sulla capsula Mercury, dichiara di aver visto un ufo e di aver visto le famose lucciole, particelle di luce che si vedono negli strati alti dell'atmosfera, confermando la tesi di George Adamski che dichiarò di averle viste durante il volo sull'ufo con gli e.t.
Il 24 maggio 1962, durante la missione Mercury-Atlas 7, Scott Carpenter lasciò accesi per errore dei retro razzi che non gli permisero di trovare la giusta angolazione al rientro nell'atmosfera.
La sua fine era segnata, sarebbe morto bruciato vivo, ma quando era sul punto di morire, vide un disco che lo superò e gli si parò di fronte facendogli da scudo nel rientro.
Naturalmente l'ammaraggio non fu preciso e avvenne con un errore di 300 chilometri rispetto al punto stabilito.
Rimase in mare per diverse ore prima di essere recuperato, quando gli uomini rana lo portarono in salvo, lo trovarono in stato di confusione, e chiese a loro chi fossero e da dove venissero.
Ripresosi dichiarò: "Dite a Glenn che aveva ragione." riferendosi agli ufo. La NASA, gli

comunicò che non avrebbe più fatto parte delle missioni successive, stesso trattamento che aveva ricevuto Glenn.
Se andate al museo americano dell'astronautica, vi accorgerete che la capsula di Scott Carpenter è l'unica che non porta segni di bruciatura causati dall'impatto con l'atmosfera.
Anche l'astronauta russa Valentina Tereshkova, prima donna nello spazio, a bordo della Vostok 6, il 3 ottobre 1963, vede un ufo che la segue nel suo volo orbitale.
Gli astronauti americani James Mc Divitt e Edward White, a bordo della Gemini 4, il 4 giugno 1965, avvistano uno strano ufo a forma cilindrica con delle strane sporgenze a braccia.
Il famoso astronauta americano James Lovell, il 4 dicembre 1965, a bordo della Gemini 7, ha visto una nave a forma di sigaro di enormi dimensioni.
L'astronauta americano Richard Gordon, il 12 settembre 1966, a bordo della Gemini 10, fotografa un ufo a forma di globo di colore arancione.
L'ufo seguiva la navicella nel suo volo, ed il suo compagno di volo John Yung, disse che era talmente luminoso, da potersi scambiare per un pianeta.
Tutte le missioni Apollo sono state seguite da oggetti volanti non identificati.

Il comandante dell'Apollo 11, Neil Amstrong, primo uomo sceso sulla Luna, durante il viaggio verso il nostro satellite avvisa la base dicendo di essere seguiti da due oggetti sconosciuti.
Da terra gli risposero che potrebbe trattarsi della sonda robotica russa.
Amstrong rispose che la sonda robotica non li seguiva ma precedeva l'Apollo 11 di due ore, non poteva essere lei.
Mentre l'Apollo stava circumnavigando la Luna cercando il posto migliore per allunare, circoscritto al Mare della Tranquillità, e passando sopra il cratere Aristarco, dichiarò: "Vedo quelle macchine, sono più grandi di quanto pensassi, loro sono là e ci osservano."
Dopo questa dichiarazione, gli americani oscurarono le conversazioni successive con gli astronauti, e l'immagine sul monitor delle TV rimase fisso per parecchio tempo.
Durante questo cover-up, la Base ordinò ad Amstrong di cambiare frequenza di trasmissione, perché da terra qualche radio amatore le poteva intercettare.
Il consiglio arrivò in ritardo, infatti i famosi radio amatori di Torino registrarono il dialogo nel quale Amstrong affermava che loro (gli extraterrestri) erano là e li stavano osservando.

La risposta dalla base fu che lo sapevano, di non farci caso e di continuare la loro missione come se non fosse successo nulla.
Anche gli astronauti dell'Apollo 12 fotografarono un ufo, era discoidale e si vedevano addirittura gli oblò.
Prima che l'Apollo 13 subisse l'incidente, gli astronauti fotografarono un ufo cilindrico a distanza ravvicinata.
Per concludere durante la missione Apollo 15, nel filmato del Rover che viaggia sulla Luna, si vede chiaramente un ufo sigariforme appoggiato sul dorso del Monte Hadley e l'astronauta James Irvin con il suo Rover.

Ancora rapimenti

Dopo il rapimento dei coniugi Hill, i rapimenti si moltiplicarono, voglio citare solo i più famosi.

Il rapimento di Travis Walton
Il 5 novembre 1975, il boscaiolo e falegname Travis Walton, si trovava con dei compagni di lavoro, nella Apache Sitgreaves National Forest, verso le ore 18, finita la giornata di lavoro, lui e i

suoi compagni, salirono su di un camion per tornare a Snowflake.

Il gruppo riferì che poco dopo, videro apparire una forte luce proveniente da dietro gli alberi, causata da un disco di 6 metri di diametro ed alto 3.

Mike Rogers, capo gruppo e autista del camion, fermò il mezzo, mentre Walton, saltò giù e si avvicinò all'ufo.

I suoi amici lo richiamarono, ma lui continuò ad avvicinarsi.

Il gruppo vide Walton colpito da un raggio stramazzare a terra come morto. Allora Rogers partì a gran velocità, ma dopo 400 metri si fermarono e decisero di tornare indietro per cercare Walton e per accertarsi delle sue condizioni.

Non lo trovarono e pure il disco era sparito.

In realtà, le cose non andarono come pensarono i compagni della squadra.

Si seppe dopo il ritorno di Walton, che il suo corpo era stato risucchiato all'interno del disco.

Il vice sceriffo Chuck Ellison fu avvisato da uno del gruppo dell'accaduto, avvisò il suo superiore, lo sceriffo Marlin Gillespie che diede ordine ad Ellison di trattenere i ragazzi della squadra.

Poi la polizia cominciò le ricerche di Walton usando tutti i mezzi a disposizione, ma non trovò nulla.

Il giorno 10 l'intero gruppo venne sottoposto alla macchina della verità e tutti i componenti del gruppo negarono di aver fatto del male a Walton.
Appena prima della mezzanotte del 10 novembre, Grant Neff, cognato di Walton, ricevette una telefonata proprio da parte di Travis, che diceva di essere in una cabina telefonica del distributore di benzina di Heber, di aver bisogno di aiuto e di andarlo a prendere.
Lo trovarono svenuto in una delle tre cabine, indossava ancora gli stessi abiti di quando era sparito.
Durante il viaggio di ritorno, Walton si dimostrò terrorizzato e parlava di un essere dagli occhi agghiaccianti.
Aveva la barba lunga e pensava di essersi assentato da poche ore, mentre mancava da una settimana.
Walton raccontò a Gillespie cosa gli era successo durante i cinque giorni di prigionia: si era trovato in una specie di sala operatoria e davanti a lui tre esseri, che descrisse identici ai Grigi, con occhi terrificanti.
Lui si dibatté cercando di colpirli con un oggetto che sembrava un contenitore di vetro.
Riuscì così a fuggire in una stanza adiacente, dove vide una sedia vuota, poi trovò un piccolo monitor,

che azionò involontariamente e sul quale apparvero delle stelle che poi scomparvero.

Successivamente si aprì la porta dalla quale era fuggito, e gli si presentò una figura umana alta, con un casco di vetro.

Questa gli sorrise, allora Travis gli fece delle domande, ma questi non rispose, e gli fece cenno di seguirlo.

Seguendolo percorsero un corridoio, fino ad un'altra porta che dava su una scala ripida, e gli sembrò di trovarsi in un hangar per aeromobili.

Capì che stava uscendo da un disco simile a quello che lo aveva rapito, poi i due entrarono in una stanza dove seduti ad un tavolo c'erano una donna e due uomini senza casco, umani della razza di quello col casco.

Lui fece ancora delle domande ma nessuno gli rispose, poi la donna gli si avvicino, gli pose sulla bocca una specie di maschera e Travis perse i sensi.

Quando si riprese si trovò davanti al distributore di Heber.

Domanda: chi salvò Travis Walton? Difficile da dire, ma tutto mi fa pensare, che l'ufo dei Grigi sia stato agganciato da un disco della Fratellanza e che i tre uomini e la donna, fossero quelli descritti da

George Adamski: Orthon, Firkon, Ra Mu e Kalna. Questa è solo una mia ipotesi.

P.S.: Gli uomini della squadra: Rogers, Peterson, Grulette Pierce, Dallis e Smith, vennero scagionati da ogni accusa.

Il rapimento di Linda Cortile

Il 30 ottobre 1989, si verificò a Manhattan il più famoso rapimento alieno. In quella notte, la signora Linda Cortile si trovava con la sua famiglia nel suo appartamento della Franklin Roosevelt East River drive, il vialone che costeggia il fiume East River all'altezza del ponte di Manhattan, parallela al ponte di Brooklyn.

Quanto segue è frutto di una seduta di ipnosi regressiva operata sulla donna dal dott. Budd Hopkins, uno degli ipnologi più famosi d'America scomparso nel 2011, artista e famosissimo ufologo.

"Verso le tre del mattino, la donna si sveglia nel suo letto accanto al marito in piena coscienza ma completamente paralizzata.

Nella stanza sono presenti tre figure di piccole proporzioni, dall'aspetto umanoide e con teste macrocefale, con occhi completamente neri.

Il gruppo cominciò a levitare nella stanza.
Pochi secondi dopo gli umanoidi e la signora Linda Cortile, attraversarono la finestra chiusa e continuando a galleggiare nell'aria, fin oltre il grattacielo, dove un oggetto discoidale stazionante sopra di loro, li risucchiò attraverso un'apertura circolare che rivelava al suo interno una sorgente luminosa.
Qui,si svolgeranno sulla donna visite ed esami clinici non proprio indolori sul suo corpo, come la trapanazione all'interno della narice, culminati in uno svenimento.
La donna riprenderà i sensi più tardi, nel suo letto accanto al marito, dimenticando ciò che era successo."
Una radiografia effettuata dalla donna qualche giorno dopo avrebbe rilevato un piccolo oggetto metallico nel suo cervello.
Un anno dopo, Budd Hopkins ricevette la telefonata di una signora, rimasta in panne sul ponte di Brooklyn dopo un black-out di tutta la zona di Manhattan, che vide esattamente quanto raccontato da Linda sotto ipnosi.
Ma la testimonianza più importante a conferma di quanto affermato da Linda durante le sedute, fu quella di un membro dello staff di un personaggio politico.

L'uomo raccontò che si trovava sull'auto blu del noto personaggio politico quando proprio quella notte ci fu un black-out sul ponte di Brooklyn, ed il motore dell'auto si spense.

L'uomo scese dall'auto per controllare cosa stava succedendo e vide esattamente ciò che Linda aveva sostenuto.

Disse che poi con l'ausilio di un binocolo ne aveva colto i particolari.

Anche il personaggio politico volle osservare quello che stava succedendo.

Poi l'ufo si mosse, si avvicinò a loro e si inabissò nelle acque dell'East River.

L'ufo non riemerse più dalle acque almeno per i 45 minuti in cui le guardie rimasero sul ponte.

Poi per ordine di servizio, finito il black-out, quando il motore dell'auto si riaccese, se ne andarono.

Qualche tempo dopo Linda telefonò a Budd, dicendo che due agenti erano stati da lei, chiesero come stava, l'abbracciarono e dissero di chiamarsi Richards e Dan, ma vollero rimanere anonimi.

Dopo qualche tempo i due cominciarono ad inviare a Budd alcune lettere, tre le spedì Dan e sette Richards.

In queste si leggeva che Linda e gli umanoidi, durante il trasporto tramite un raggio luminoso, che

andava dalla finestra della sua camera, fino all'ufo, sembravano volteggiare in posizione fetale e che Linda aveva una vestaglia bianca, proprio come aveva dichiarato la Cortile.
La donna, però non raccontò agli agenti come si erano svolti i fatti.
Un'altra testimone dichiarò di aver visto l'ufo ma di non aver assistito al momento del rapimento, e che il black-out cessò e le auto si riaccesero solo quando l'ufo riemerse e ripartì.

Il caso Zanfretta

Il caso più clamoroso di rapimento da parte di alieni, in Italia, è senza dubbio il caso del metronotte Fortunato Zanfretta, che io ho conosciuto di persona e che ho presentato al pubblico durante una sua serata a Romagnano.
Siamo nella tarda serata di un freddo 6 dicembre del 1978, la guardia giurata Pier Fortunato Zanfretta, sulla sua auto di servizio, una Fiat 126, nell'area di Torriglia nell'entroterra di Genova dove abita, sta guidando lentamente e cerca di evitare le lastre di ghiaccio.
Imbocca la deviazione che dalla statale 45 conduce a Marzano, percorre la stradina che attraversa il centro del paese e si dirige verso la villa "Casa nostra".

Vede delle luci e pensa che ci siano dei ladri in azione.
Comunica allora alla centrale che sta entrando nella villa, ma non ha nessuna risposta. La sua radio va in tilt, e le luci della vallata si spengono.
Impugna la pistola e attende all'angolo della villa.
Poi qualcuno da dietro lo spinge e Zanfretta cade.
Il giorno seguente racconta al brigadiere dei carabinieri Antonio Nucchi di essersi trovato di fronte una creatura mostruosa, alta tre metri, con la pelle gonfia di color grigio, con occhi gialli a triangolo, con le vene del volto esposte, orecchie a punta e mani con unghie rotonde.
Il giorno dopo sul luogo, vennero ritrovate le impronte del presunto ufo, due impronte a forma di ferro di cavallo di tre metri.
Ma torniamo a quella notte, allarmati della mancanza di contatto radio, i colleghi Walter Lauria e Raimondo Mascia, andarono a cercarlo, lo trovarono in stato confusionale, pur facendo molto freddo, il suo corpo era caldo.
L'11 gennaio 1980 Zanfretta si sottopose ad una seduta di ipnosi regressiva condotta dal dottor Moretti.
Durante la seduta emerse che il metronotte, avrebbe subito all'interno dell'ufo degli esami fisici

invasivi e che gli alieni avrebbero avuto in futuro l'intenzione di trasferirsi perennemente sulla Terra.

Un altro fatto incredibile sarebbe successo durante la notte tra il 2 ed il 3 dicembre 1979, quando Zanfretta scomparve e la sua auto fu ritrovata poi a Torriglia.

In totale il metronotte sarebbe stato rapito 11 volte! Zanfretta dichiara che questa razza aliena si chiamerebbe Dargos e sarebbe proveniente dal pianeta Titania, di una stella di un'altra galassia.

Zanfretta dichiara inoltre di aver ricevuto da questi esseri una sfera trasparente contenente un tetraedro dorato in sospensione che ruoterebbe al suo interno.

Dice poi, di averla nascosta in un punto che solo lui conosce e che chiunque si avvicinasse ad essa verrebbe fulminato, sorte che sarebbe capitata ad una lepre avvicinatasi casualmente, lui si sente psichicamente forzato ad andare davanti alla sfera due volte al mese.

Sembra che la sua presenza sia in grado di ridarle energia.

Zanfretta sarebbe stato sottoposto ad ipnosi regressiva, anche dallo psicanalista Cesare Musatti, sottoponendosi poi alla macchina della verità e addirittura al "Pentotal", farmaco che induce a dire la verità nel 100% dei casi.

Anche sotto l'effetto del Pentotal, Zanfretta dichiarò lo stesso racconto.

Come divenni ufologo

Era dal 1968 che con un gruppo di amici, mi interessavo di astronomia, ci ritrovavamo di notte a casa di Giorgio, un mio amico d'infanzia che abitava a due isolati da casa mia, per osservare il cielo col suo telescopio da 6 cm.
Alle 18.15 del 23 settembre 1970 (giorno dell'equinozio d'autunno), Giorgio mi chiamò e mi disse di andare da lui ad osservare uno strano fenomeno nel cielo.
Pochi minuti dopo, mio padre ed io eravamo già con l'occhio all'oculare di Giorgio, ci alternavamo nell'osservazione.
Il cielo era ancora chiaro, ad Ovest 15° sopra l'orizzonte si vedeva nitidamente ad occhio nudo, una luce a forma di cono immobile.
Il suo colore era rossastro, ma ci accorgemmo subito con l'osservazione telescopica che a creare questo cono, era un oggetto giallo oro che rifletteva la luce rossastra verso l'alto.
La forma di questo oggetto era a cappello cinese.

Non conoscendone la distanza, non avremmo mai potuto conoscerne il diametro.

Continuammo ad osservare l'oggetto, fino a quando il Sole ce lo permise, infatti brillando di luce riflessa, sarebbe stato visibile solo fino a quando sarebbe stato illuminato.

Più il Sole scendeva e più il cono si restringeva.

Mi accorsi inoltre che ogni tanto dalla base dell'oggetto scendevano una dietro l'altra tre sfere argentee molto piccole rispetto all'oggetto stesso.

Questo accadeva all'incirca ogni 10 minuti.

La Stampa e la Gazzetta del Popolo del giorno 25 riportarono l'accaduto.

La Stampa, riportava anche la foto telescopica di un astrofilo di Torino, che mostrava l'oggetto che si trovava proprio sulla verticale di Superga.

Avendo usato un telescopio riflettore, l'immagine risultava capovolta e quindi sembrava un cono col vertice verso il basso rovesciato rispetto alla nostra osservazione.

Qualche giorno dopo, andammo presso l'oratorio Madonna Pellegrina di Novara, per seguire la lezione dell'associazione astronomica Apan (Associazione provinciale astrofili novaresi) di cui Giorgio, Elio, Giuseppe ed io eravamo iscritti dal 1969.

Un noto professore di matematica di Novara ci dimostrò che non si trattava di un ufo, ma bensì di un pallone sonda, come riportavano i quotidiani, lanciato da Grenoble.

Il professore (Stefano) ci disse anche che aveva calcolato la sua lunghezza, udite, udite, di 600 metri.

Ci guardammo tutti in faccia: come poteva un pallone sonda essere così grande?

Stefano si riferiva alla lunghezza del cono riflesso, ma nessuno mi toglie dalla testa che avesse fatto apposta a dichiarare che fosse un pallone sonda, ma che in realtà sapesse che si trattava di ben altro.

Alcuni testimoni di Torino, dichiararono che con binocoli si potevano vedere addirittura degli oblò nell'oggetto.

Qualche tempo dopo i quotidiani, riportarono i dati esatti ricavati da Caselle, il cono doveva essere lungo un chilometro (dunque l'esatto diametro dell'oggetto doveva essere di 300 metri n.d.r.).

L'altezza doveva essere di 20 chilometri.

Per alcune notti nelle valli adiacenti a Torino, in val di Susa, in val Chisone ed in altre località si videro nel cielo oggetti sferici, argentei che volavano in gruppi di tre come quelli da me osservati scendere dall'oggetto color oro. Da quel giorno cominciai ad interessarmi di ufologia.

Ufo crash sul Monviso

Fra le 19 e le 19.30 di martedì 23 febbraio 1971, i giornali torinesi, i vigili del fuoco e la polizia, vennero tempestati di telefonate che avvisavano di una nube a forma di cono rovesciato di colore rosso, infuocata, che si stagliava sopra le Alpi.
Telefonate arrivarono anche dalla Liguria e dalla Lombardia. Migliaia furono i testimoni.
Anch'io lo osservai da Novara e pensai subito alla ripetizione del fenomeno ufologico osservato sopra Superga cinque mesi prima, ma la sua scia finiva sul Monviso, ad Ovest di Torino.
Inoltre, il cono era rovesciato e l'oggetto che causava il fenomeno stava precipitando.
Si parlò di un missile francese, il "Tibere" lanciato dall'Atlantico, si parlò anche della capsula russa "Vostok".
La risposta arrivò da un pilota civile della TWA che alle 19.46, si mise in contatto con l'aeroporto di Linate dicendo di vedere un oggetto che stava precipitando sul Monviso.
Un altro pilota, questa volta privato, proveniente da Parigi comunicava la stessa osservazione all'aeroporto di Caselle.
Facciamo un salto indietro, l'ufologa e sensitiva Silvana Grosso di Torino, già nel 1964 dichiarava

che gli extraterrestri della Fratellanza avevano creato una base sotterranea presso Meana (Piemonte) per monitorare eventuali ufo di razze ostili sul cielo del Nord-Ovest italiano.
Io penso che gli e.t. Di Meana, abbiano intercettato questo ufo che stava puntando verso Torino e che abbiano deciso di abbatterlo.
Le guide alpine che perlustrarono le pendici del Monviso, non trovarono nulla.

UFO attraversa il cielo di Novara

Nel maggio del 1972, la data non la ricordo, in compagnia di un gruppo di amici, almeno venti, partimmo dal piazzale della chiesa Madonna Pellegrina di Novara, e a piedi ci dirigemmo verso il centro città.
Dopo qualche decina di metri, raggiungemmo il largo Cantelli, io alzai gli occhi al cielo, era una mia abitudine, e vidi un oggetto conico con delle sfere sottostanti che sembravano ruotare.
Lo indicai, e tutti i miei amici lo videro. L'oggetto era a circa 45° sopra di noi e si dirigeva verso le montagne puntando verso il Monte Weissmies a Est del massiccio del Monte Rosa.

Non esisteva ancora la via Papa Giovanni, e il distributore di benzina della Erg, chiudeva quasi interamente la suddetta via.
L'ufo passò in verticale sopra la scritta Erg, allontanandosi e divenendo sempre più piccolo e difficile da osservare.
Sicuramente era diretto in Svizzera. Guardandolo bene, le sfere sottostanti non giravano, ma era una luce che passava da una sfera all'altra dando l'impressione che le sfere ruotassero.
Il suo colore era argenteo. Un paio di anni fa, scoprii che lo stesso ufo, di cui esiste una fotografia, era stato avvistato proprio nel 1972 sul Canada.

Allarme ufo sul Piemonte

Alle ore 19 del 30 novembre 1973, l'allarme aereo è scattato da Caselle fino a Voghera.
Il pilota torinese Antonio Marano di 28 anni, che era in volo su un Piper è stato il primo ad intercettare un ufo e lanciare l'allarme.
Il maggiore Cespa che comandava il radiofaro di Remondò di Mortara, dichiarò che i radar della base non avevano intercettato nessun oggetto in avvicinamento.
Il comandante pilota Giovanni Mazzalami del DC9 proveniente da Parigi, volo Alitalia AZ 325, con alle spalle 10 anni di servizio militare e 8 come pilota civile, ha invece dichiarato che sia il radar di Caselle che quello di Mortara vedevano l'ufo sui loro schermi radar.
Immediatamente avvertita la Prima Regione Aerea Militare, le centrali di Mortara, di Capo di Mele e di Linate, diedero l'allerta ai caccia.
Al momento dell'avvistamento di Caselle, nel cielo c'erano tre aerei, il Piper, il DC9 proveniente da Parigi e il DC9 Alitalia AZ043, diretto a Roma pilotato dal comandante Tranquillo.
Il messaggio trasmesso via radio da questo comandante diceva che vedeva l'oggetto luminoso con luce intermittente a 4 miglia in coda,

continuava dicendo di non osare ad avvicinarsi e di passare al largo.

Alla torre di controllo che cominciarono a preoccuparsi, ora l'ufo si vedeva anche ad occhio nudo.

L'oggetto faceva spostamenti bruschi orizzontali e verticali a velocità impossibili a qualunque aereo conosciuto.

Raggiungeva i 4 mach, 4 volte la velocità del suono quasi 5.000 chilometri orari.

Il pilota Mezzalami lo ha osservato fino all'atterraggio, Marano invece dichiara che era sferico e compiva movimenti impossibili per nessun aereo conosciuto.

Il colonnello Rustichelli dichiarò che l'ufo si spostava verso Ovest a circa 4 chilometri dall'imbocco della Val di Susa.

I radaristi di servizio a Remondò, compreso il mio amico Dinuccio scomparso da parecchi anni, erano in allerta; Dinuccio mi disse che l'ufo compiva una accelerazione da 276 miglia orarie a 927 miglia in mezzo secondo.

Quando i caccia intercettori rapidi del 21° gruppo Tigre di Cameri (Novara) partirono verso l'ufo, segnalarono che prima lo vedevano in poppa, e subito dopo in prua.

I piloti dei caccia, dissero che l'ufo fece un balzo verticale di 4.800 metri in due secondi, questo significa che i piloti dell'ufo subivano una forza equivalente a 33 G negativi.
Nessun essere umano può resistere a questa pressione.
Ricordo che l'astronauta Glenn, riusciva a resistere fino a 11 G negativi. Oggi gli astronauti subiscono normalmente 5/6 G negativi, fino a trent'anni fa 8 G negativi.

Ufo su Novara

Nel 1974, con un gruppo di amici, ci trovavamo di notte in campagna, in periferia del quartiere Santa Rita, nella zona chiamata Mulin Baselli (per la legge della privacy, userò solo i loro nomi), Giorgio, Elio, Giuseppe, Luciano, Gian Franco, Carlo (scomparso di recente) ed altri.
A volte avevamo la visita delle forze dell'ordine che ormai ci conoscevano e volevano accertarsi che non ci succedesse nulla di male.
Ricordo che un maresciallo venne invitato da noi, più volte ad osservare col telescopio. Diciamo che si era quasi appassionato all'astronomia.

Ci accorgemmo molto presto che all'orizzonte sia Nord-Ovest che Est apparivano oggetti che dalle luci non sembravano aerei conosciuti. A volte le luci non erano intermittenti ma fisse, bianche o gialle.
Le classiche luci laterali degli aerei, rosse e verdi non comparivano.
Fu proprio in quel periodo che conobbi Giuseppe Boitani.
Appassionato di astronomia e d'ufologia, con lui ho diviso tutte le mie esperienze sia astronomiche che ufologiche.
Sempre con Giuseppe, ho condotto più di cento trasmissioni radiofoniche intitolate "l'uomo e il cosmo" nelle quali abbiamo ospitato anche piloti di aerei di linea, testimoni di esperienze con gli ufo.
Purtroppo Giuseppe ci ha lasciti nel 1989, a causa di un aneurisma.
Per me è stata una perdita incolmabile, che mi aveva portato sul punto di smettere le mie ricerche.
Poi ho pensato che proprio per ricordare Giuseppe, sarebbe stato giusto continuare.

Un ufo ci osserva

Alle ore 23.30 (solari) del 18 gennaio 1974, nell'orto di Giorgio S. in compagnia di Giuseppe Boitani e Germano G., con l'ausilio di un binocolo 10x50 e poi ad occhio nudo, abbiamo potuto osservare le evoluzioni di un disco di 25/30 metri di diametro.

Era di colore rossiccio con luminosità superiore a Giove.

Venendo da Est, per chi conosce Novara, dal Cimitero comunale, puntava dritto verso noi, sopra le scuole Bottacchi.

Appena lo inquadrammo, ci accorgemmo che non si trattava di un aereo di linea, non aveva luci intermittenti, ma bensì una piccola luce centrale bianca, e due luci gialle, seguite da due verdi, sia a destra che a sinistra, in tutto nove luci.

Nessun aereo ne possedeva tante, nemmeno i bombardieri della seconda guerra mondiale.

Quando fu a poche centinaia di metri da noi, cominciò a girare verso sinistra, dunque verso il Viale Roma.

L'oggetto continuava a mostrare le stesse luci, significa che pur virando non cambiava posizione rispetto a noi.

Poi se ne andò verso dove era apparso disegnando un ferro di cavallo. Dunque è come se l'ufo ci osservasse e continuasse a farlo mentre faceva retromarcia.

Non esiste nessun aereo che può invertire la marcia senza virare, nemmeno un elicottero.

Multa sventata

Il giorno dopo, il 19 gennaio, alle 18.50, in auto con Andrea C. alla guida, siamo stati testimoni di una osservazione di un ufo nei pressi di Varallo Pombia.

Un oggetto di colore arancione, molto simile a quello osservato la sera precedente stava sorvolando il Lago Maggiore.

Andrea aumentò la velocità per non perdere di vista l'oggetto.

Così facendo non si accorse dei carabinieri appostati sul ciglio della strada durante i tornanti in discesa da Agrate verso Pombia.

Paletta e accostare. Dopo aver conciliato per eccesso di velocità i carabinieri si accorsero che stavamo osservando l'orizzonte.

Scesi dall'auto e rivolgendomi agli agenti, feci notare che stavamo cercando di seguire quell'oggetto che, indicato da me, anche loro notarono.

L'ufo aumentò la sua luminosità fino a raggiungere la magnitudine di -10 attirando ancora di più l'attenzione degli agenti.

L'ufo cambiò rotta spostandosi da Ovest verso Nord sempre senza virare, manovra impossibile per ogni aereo conosciuto.

L'appuntato insisteva per farci la multa, venne interrotto dal maresciallo che disse con fare autorevole: "Lasciali andare, che quelli lì qualche giorno vengono giù e ci portano via tutti."

Poi raccomandandoci di non correre, ci salutò. Partimmo lasciando i carabinieri intenti ad osservare l'ufo.

Da lì a poco l'oggetto misterioso scomparve nel nulla.

Questa volta ringraziai l'ufo per averci salvati da una sicura contravvenzione.

L'ufo che scese a Casale.

Il 16 aprile 1974, mi trovavo a casa di un amico J. a Cerano, in compagnia di Giuseppe B.

L'ufo arancione alle 22.05 procedette da Romentino verso Casale visibilissimo all'orizzonte.

L'ufo scese a Casale e la famiglia Bellingeri, ebbe un incontro ravvicinato con i suoi occupanti, erano umani con casco.

L'ufo inseguito da un caccia.
Alle 22.04 (solari) del 16 maggio 1974, dal nostro consueto punto d'osservazione di Novara, al Mulin Baselli, presenti Luciano P., Gian Franco B. ed io, un oggetto rosso sta viaggiando verso la Val Sesia, la distanza da noi stimata è stata di almeno 10 chilometri.
Qualche minuto dopo apparve l'ufo con luce bianca intermittente al magnesio che da Cameri puntava anche lui verso il Monte Rosa.
Noi chiamammo questo ufo, Pippo, ricordando un fantomatico aereo della seconda guerra mondiale che terrorizzava Novara.
Non era ancora finita, alle 22.10 da Nord-Ovest, verso il Monte Rosa, apparve un altro ufo di colore giallo divenendo sempre più luminoso. Sembrava un lampione abbagliante.
Sul subito pensammo che fosse l'abbagliante di un caccia in atterraggio.
Sembrava che volesse atterrare, io cambiando pensiero mi sbraccio e faccio segno a lui di atterrare.
Silenzioso, beccheggiando, passò sopra la nostra testa a non più di 70 metri d'altezza e puntò verso il centro città.

Anche osservandolo col binocolo mentre passava sopra di noi, non si vedeva altro che un pallone giallo.
Luciano mi distolse dicendo che ce n'era un altro in avvicinamento.
Mi voltai e vide un altro oggetto che seguiva il primo, era molto simile ma quando passò sopra di noi dovemmo tapparci le orecchie a causa del suo rumore fortissimo, era un F104 del 21° stormo dell'Aeronautica Militare di stanza a Cameri all'inseguimento dell'ufo.
Seguimmo i due che passarono molto vicino alla cupola di San Gaudenzio, la sfiorarono, puntarono verso il Viale G. Cesare, virarono verso Est verso il Cimitero, tornarono verso Nord, giunsero sull'abitato di San Rocco e qui l'ufo spense le le luci e l'F104 puntò verso il basso.
Temetti un disastro, ma il pilota doveva essere d'avvero un acrobata dell'aria, riuscì a recuperare l'aereo e a risalire per non finire sulle case.
Appena raggiunse l'altezza precedente, prima di puntare verso il basso, l'ufo riaccese le luci e stava viaggiando in senso contrario rispetto a prima, stava andando verso Sud.
Cosa era successo, l'unica spiegazione è che nel momento in cui l'ufo spense le luci, il pilota dell'F104 vide sul suo monitor di volo notturno

l'oggetto che stava andandogli incontro, fu in quel momento che lo evitò con una manovra azzardata, puntando verso il basso e recuperando poi l'altezza iniziale.
Il Pilota del caccia, decise allora di ritornare alla base di Cameri.
Qualche anno dopo durante una trasmissione radiofonica a Onda Novara invitammo un ex pilota di Cameri, che confermò tutto ciò che avevamo visto quella notte, ma volle rimanere anonimo e pur conoscendo chi era alla guida di quel caccia, non volle farne il nome.
Solo nel 2023, scoprii il nome di quel fantomatico pilota.
Naturalmente continuerò a mantenere il segreto.
Una conferma che sia l'ufo con luci intermittenti che la nave arancione più grande erano collegate, arrivò quando dalla finestra della sua camera da letto a Santa Rita, Gian Franco B. vide l'incontro dei due oggetti, praticamente quello con luce al fosforo, entrò letteralmente in quello più grande.

Il contattista di Megolo

Sempre nel 1974, incuriositi dalle notizie dei giornali che parlavano di un uomo che era in contatto con gli extraterrestri e che questi erano atterrati, volemmo andare a controllare di persona.

Partimmo per la Piana di Megolo, con un nutrito gruppo di amici oltre al nostro gruppo di ricerca notturna di ufo, si unirono anche quelli del secondo gruppo di ragazzi più giovani che ricercavano gli ufo a sud di Novara e che ci fornivano i dati delle loro osservazioni.
Fu durante questo viaggio che conobbi Andreina Z. di Milano, conosciutissima perché sosteneva di aver incontrato un extraterrestre in città.
Tutti i rotocalchi parlavano di lei e la chiamavano "Donna radar" per le sue paventate capacità sensitive.
Quando fummo sul posto ci trovammo di fronte una marea di curiosi, con roulotte, tende ecc. appostati nell'attesa che il contattista, D.R., si mettesse in contatto con gli e.t.
Quando questo personaggio arrivò mi accorsi che teneva un atteggiamento riservato, coprendosi in un velo di mistero.
Naturalmente non successe niente, tornammo a casa mentre due nostri amici M.Z e G.G. rimasero tutta la notte nella loro tenda.
Prima di partire ricordo che il contattista, indicò una stella in cielo dicendo che si trattava di un ufo.
Io mi avvicinai e ad un gruppo di bambini accompagnati dai loro genitori dissi: "se volete vedere quell'ufo usando il mio telescopio (lo

tenevo sempre con me) ve lo mostro subito, ha un diametro di 120.000 chilometri ha gli anelli e si chiama Saturno."

Così feci, lo mostrai a tutti i bambini e per il contattista fu un colpo terribile.

Quei genitori, con i loro figli se ne tornarono come me alle proprie case.

Il giorno dopo ritornai a Megolo e capii che il contattista, con la sua famiglia, versavano in condizioni precarie e che aveva trovato l'espediente degli ufo, per avere un aiuto dagli enti locali.

Da quel giorno non tornai più a Megolo, e del contattista non si sentii più parlare.

La donna radar confessò poi che anche lei faceva tutto per gioco.

Povera ufologia!

Un ufo a forma di pesce

Facciamo un salto avanti nel tempo.
Una sera d'autunno, del 1994, tornando dal lavoro, vidi a Nord all'orizzonte una luce bianca abbagliante, con intermittenza, non potevo sbagliarmi, era il mio amico "Pippo".
Come già detto dopo la morte di Giuseppe Boitani avevo deciso di non ricercare più gli ufo, ma i ricordi di tutte le osservazioni da noi due fatte e la visione di quell'ufo mi fecero tornare la voglia e la grinta per ricominciare.
Il 2, il 4, il 6 ed il 7 di gennaio 1994, furono serate interessantissime a livello ufologiche.
Parecchi oggetti misteriosi, apparivano durante la notte nei cieli della città.
La notte del giorno 6, ci fu una vera e propria scorribanda di aerei da e per Cameri.
Almeno 12 caccia partirono dall'aeroporto, andavano verso sud, verso Pavia, e poi tornavano alla base, continuarono così fino alle 2 del mattino.
Si disse che questo spostamento di massa dei caccia era causata dalla guerra del Golfo e sarebbero partiti per Aviano.
Io non credetti a questa versione, perché appena partiti facevano ritorno alla base.

Mio figlio maggiore ed io, ci preparammo per fotografare gli oggetti non identificati che nella maggior parte dei casi attraversavano il cielo della città da Ovest a Est, passando per il Sud.

Più volte avevamo osservato un oggetto che da Vercelli passava verso sud in linea retta e puntava verso Milano.

La sua forma osservata era quella di un pesce.

Mio figlio, che studiava aeronautica mi assicurò che era senza ali.

Il giorno 13, finalmente riusciamo ad immortalarlo. Prepariamo la macchina su cavalletto, appena lo vediamo, lo seguiamo e, visto il suo percorso rettilineo, non ci è stato difficile inquadrarlo.

La prima foto è stata la migliore, campo riprodotto 35° x 25°, estensione dell'oggetto 2.5°.

L'ufo possiede davanti due luci gialle laterali ed una ocra centrale, mentre sulla fiancata visibile, un portellone arancione ed uno in coda gialla.

Poi l'ufo terminava con un aletta verso l'alto, come quella degli elicotteri con una luce intermittente rossa.

Quando sviluppammo la foto, comparvero tutt'attorno all'ufo almeno 10 puntini bianchi, sicuramente causati dal magnetismo dell'ufo.

Ad un tratto all'orizzonte Ovest, apparve un altro ufo che procedeva verso Nord-Ovest, lo fotografammo ed il risultato fu che si trattava di un oggetto di colore rosso, conico anche lui con numerosi punti magnetici attorno.

Dopo il passaggio dell'ufo a pesce che noi chiamammo simpaticamente "Ryabyb", dall'orizzonte sud, dal quartiere Santa Rita, partì bassissimo, un caccia all'inseguimento.

Credo che l'ufo potesse però essere già lontano verso Milano.

Nel momento in cui lo fotografammo doveva essere ad un'altezza non superiore ai 300 metri e doveva avere un diametro di una quarantina di metri.

Altre volte ci capitò di osservare l'ufo passare sulla città, in orari diversi.

L'ultima osservazione dell'oggetto avvenne il 23 ottobre alle ore 23.32, poi più nulla.

Divento socio C.A.U.

Il 15 aprile del 1996, una famiglia abitante a Novara, in corso Vercelli, verso le 23.30, vide un oggetto misterioso sulle montagne del biellese.
Lo fotografò e poi chiamò i carabinieri, che si fecero dare la pellicola fotografica, che poi consegnarono al comando della base di Cameri.
Naturalmente di quelle foto non si seppe come al solito più nulla.
Leggendo l'articolo sulla stampa, venni a conoscenza di un centro ufologico che si era interessato al caso, era il C.A.U. (Centro Appassionati Ufo) di Stresa.
Mi misi subito in contatto con il presidente dell'associazione e mi tesserai. Collaborai col C.A.U. con serate di divulgazione sia astronomica che ufologica, ben presto divenni vice presidente dell'associazione e grazie alla mia grande esperienza nelle materie suddette portai molti iscritti.
Creai poi un gruppo di ricerca formato da colleghi di lavoro che collaboravano con me e con il C.A.U.

Il campo volante

Il 2 maggio 1996, mentre stavo osservando il cielo da casa mia, vidi verso le 23 un oggetto che da Milano si stava avvicinando a Novara, con movimento rettilineo Est, Sud.
Apparentemente sembrava un aereo di linea, ma usando un binocolo 10x70 con zoom, mi accorsi che la sua forma era anomala.
Possedeva solo quattro luci perimetrali gialle arancio, molto grandi, e due più piccole verdi in coda leggermente più in alto rispetto alle gialle.
Era un rettangolo volante. L'oggetto compì l'attraversa della città in 3 minuti, dunque era lentissimo.
Anche in questo caso mio figlio Roberto assicurò che non aveva ali ed era enorme.
Fu per la sua forma che scelsi di chiamarlo "Campo Volante".
L'ufo non tardò a farsi rivedere il 17 giugno alle ore 23.07 lo seguii per due minuti ed anche questa volta non avevo a portata di mano la macchina fotografica.
Un collega di lavoro mi riferì che la sera precedente, il giorno 16 lo aveva visto nei cieli di Confienza (PV), dicendomi che l'ufo si era avvicinato molto a lui e ad un gruppo di suoi

amici, puntando i fari anteriori gialli. Apparve in fine il 15 luglio alle ore 23 e 10 circa e lo segui per altri due minuti, ancora una volta non riuscii a fotografarlo.

La notte in cui vedemmo l'incredibile

La notte del 15 febbraio del 1997, non la scorderò mai più.
Erano le 22.05 in punto, quando mi accorsi di una luce gialla a 3° sopra l'orizzonte Ovest Ovest di Novara.
A prima vista sembrava un incendio boschivo di quelli che tutti gli anni si notano sulla Serra di Ivrea.
Ma a mio parere era troppo presto, di solito cominciano alla fine di marzo.
Presi il binocolo e... incredibile: era il Campo Volante.
Le luci erano identiche a quelle osservate durante i suoi passaggi.
Chiamai i miei figli, Roberto e Walter, poi piazzai il telescopio Konus catadiottrico da 7.5 centimetri, inserii il riduttore, tolsi l'obbiettivo della mia macchina e lo inserii nel telescopio per osservarlo

a fuoco diretto cioè senza usare oculari per avere più luminosità.
Scattai 32 diapositive nell'arco di due ore, l'ufo non si mosse mai.
I casi erano due o era immobile in cielo o si trovava adagiato su di una montagna.
Se fosse fermo in cielo, stavo provando l'esperienza fino a quel momento unica vissuta da George Adamski.
Durante la serata, provai ad inserire anche oculari perdendo luminosità, ma riuscendo ad ingrandirlo.
In questo caso non scattai foto perché avrei dovuto fare due messe a fuoco, una del telescopio ed una della macchina fotografica rendendo l'operazione troppo complessa.
L'ufo era piegato di 30° mostrando tutta la parte superiore con la parte posteriore rivolta verso noi.
Mostrava tre luci perimetrali, la destra e la sinistra in basso, e quella in alto a sinistra.
Erano gialle, mentre le due verdi erano sollevate rispetto alla base e risultavano più interne.
Al centro della base si vedeva chiaramente una luce rettangolare rosata come fosse un portellone.
Ogni dieci minuti, apparivano da Sud e da Nord delle luci bianche che si avvicinavano al Campo Volante, ma prima di raggiungerlo si spegnevano.

A questo punto telefonai a Stresa a T.G. Presidente del C.A.U, spiegandogli quello che stavo vedendo.

Lui mi disse che con un suo amico sarebbe salito sul Mottarone per cercare di vederlo e mi avrebbe richiamato.

Così fece, mi richiamò e mi diede le coordinate dell'oggetto.

Mi disse inoltre che non erano soli sulla montagna, c'erano infatti un uomo ed una donna intenti ad osservarlo.

T.G. Chiese ai due se stessero guardando anche loro quella luce, loro risposero di si e se ne andarono.

Con i dati ricevuti dal presidente, non fu difficile per me, con un semplice calcolo trigonometrico scoprire il punto esatto dove si trovava, era in Val Chiusella, variante della Valle di Locana, l'altezza 1.700 metri, la distanza 70 chilometri.

Le dimensioni le ottenni dopo aver sviluppato le diapositive e dopo averle ingrandite, era davvero mostruoso, 250 x 200 metri.

Alle 0.50 le sue luci si spensero e non si vide più, non seppi se fosse ripartito.

Il giorno dopo essendo sereno guardai il punto dove si trovava la notte precedente dietro di lui c'erano le Levanne al confine con la Francia.

Lui era sotto la cima della Levanna Occidentale ma su una montagna più bassa.

Mi mancava solo di sapere se era sospeso od appoggiato, questo lo scoprii solo due anni dopo.

Le mie foto fecero il giro del Mondo l'articolo da me scritto venne pubblicato sul Notiziario Ufo del C.U.N. (il Centro Ufologico Nazionale), da Ufo Magazine e tradotto in varie lingue, e da altre riviste come "Oltre la conoscenza" e "Ufo network".

Un grande lavoro sulle mie diapositive lo fece il Professor Malanga che oltre a non trovare col microdensitometro sovrapposizioni e montaggi, scoprì con una spettrografia, un arco voltaico fra le due luci laterali all'altezza del portellone.

Al mio caso si interessò la Tv privata Rete A che venne a casa mia per ricostruire la scoperta ufologica.

Qualche giorno dopo trasmise il servizio ed io lo registrai. Fui poi invitato a T.V.C. a Verbania e col presidente del C.A.U. venni intervistato da Rai 3 durante la trasmissione "Cominciamo bene".

Tutt'Italia vide le mie diapositive. Da quella sera continuai ad osservare la zona dove era apparso speranzoso di rivederlo.

Il ritorno del Campo Volante

Avevo ormai perso le speranze di rivederlo, pensai anche che forse era apparso in altre parti del cielo, poi la sera del 27 gennaio 1999, eccolo là dove era apparso due anni prima.
Questa volta era inclinato ma frontale rispetto al mio punto d'osservazione. Mostrava perciò solo le luci posteriori gialle le due verdi ed il portellone. Erano esattamente le ore 20 quando cominciai ad osservarlo.
Anche in questo caso riuscii a fotografarlo.
La prima diapositiva che scattai fu alle 20.32, due minuti dopo questo scatto, spegne le luci principali lasciandone accesa una sola.
Alle 20.35 seconda foto, alle ore 23, riaccende tutte le luci, poi alle 23.25, appare un oggetto bianco che ruota sotto il Campo Volante disegnando un'ellisse.
Questa è la prova che la nave non si trova appoggiata alla montagna, ma è sollevata. Alle ore 24, scomparsa definitiva.

Terzo appuntamento col Campo Volante

15 giorni dopo la seconda osservazione, l'11 febbraio riappare, sempre nella stessa posizione.
Il suo assetto è identico alla prima osservazione, mostra le tre luci perimetrali.
Questa volta decidiamo di non fotografarlo e di tentare di avvicinarci a lui. Guido io con al mio fianco Roberto.
Fino a Vicolungo è visibile, poi raggiunto il ponte che collega Carpignano a Sillavengo, dobbiamo desistere perché il ponte è in restauro.
Tornando a casa ci accorgiamo che la nave non è più visibile.

Quarto appuntamento

Alle 19.15 del 31 dicembre 2000, mentre tornavo dal lavoro mi sfuggì per un attimo ad ovest ed ecco, ancora lui.
Il cielo era limpidissimo, pure mio figlio Walter lo osservò.
La posizione delle luci erano quelle del 15 febbraio 1997, si vedevano la struttura su due piani distinti.
Quella delle luci verdi, era leggermente esterna rispetto alla base.

Alle 23.50 spense tutte le luci lasciandone una sola accesa, la gialla di destra.

Quattro minuti dopo le riaccese tutte dopo il brindisi della fine anno, tornai ad osservarlo, alle 0.04 le spense di nuovo alle 0.15 le riaccese meno le verdi, due minuti dopo accese pure le verdi.

L'ultima osservazione alle 0.55, poi la foschia non mi permise più di osservarlo.

Dopo aver sciolto il C.A.U. non ho più avuto collegamenti col presidente.

Continuai invece la divulgazione con decine di serate ovunque, dove mostravo le foto del Campo Volante.

Non volli invece informare i media delle osservazioni successive al primo avvistamento, proprio per evitare di essere tacciato di contattismo o di sentirsi dire: "Lo vede solo lui".

Quinto avvistamento

Il 21 febbraio 2002, è riapparso con l'asse del secondo avvistamento.

Un fascio di luce usciva da una fiancata, si estendeva e poi si ritraeva illuminando la neve della montagna affianco alla nave.

Le foto scattate questa volta dall'interno di casa risultarono mosse a causa del calore emanato da un termosifone.

Ancora lui

Il 24 marzo 2004 alle ore 22 circa, nuova apparizione.
Dovetti rapidamente smontare il focheggiatore del Konus, che si era inceppato.
Questo non mi impedì di osservarlo, alle 22.15 cominciai a fotografarlo e scattai 15 diapositive.
L'assetto era sempre quello della prima osservazione.
Alle 0.30 due oggetti arancione e della stessa luminosità delle luci principali, apparvero all'altezza del portellone.
Si mossero verso Sud e scomparvero dietro un ramo di una pianta cresciuta nel frattempo.
Alle 0.45 un altro oggetto arancione si materializzò sulla fiancata di destra si mosse verso Sud, e poi piegò verso il basso.
Alle 0.52 scomparve definitivamente.
Un mio collega di lavoro mi confermò di averlo visto sulla strada che porta a Biandrate alle ore 22.

L'11 marzo 2.006 alle 22, è riapparso ma il mio Konus era in panne, e dovetti accontentarmi di osservarlo con il binocolo Soligor.
Alle 23.36 osservai due luci gialle che da sotto la nave salivano verso l'alto del Campo Volante.
Alle 0.08 lasciava solo accesa la solita luce di destra ma si vedeva ancora il portellone.
Alle 0.17, si spense anche l'ultima luce.

Le ultime apparizioni

Il 7 marzo 2009, alle ore 1.10 di notte, riapparve mostrando tutta la sua lunghezza, come durante la seconda apparizione.
Ad un quarto di grado sopra la nave, appariva il solito ufo giallo che scendeva verso destra attraversando tutta la nave madre e scomparendo all'altezza del portellone.
Alle 17.30 dello stesso giorno riappariva all'orizzonte, mostrandomi le montagne alle sue spalle.
La nave è stata visibile fino alle ore 20.30.
E veniamo all'ultimo appuntamento col Campo Volante.
11 marzo 2009, riappare per la terza volta in quattro giorni.
Il proprio assetto è lo stesso, davanti al monte Bellavarda. Mostra dunque tutta la sua lunghezza.
Sono le 21.30 quando appare un primo ufo che dall'alto scende attraversando tutta la nave, poi entra nel portellone.
Alle 22, un secondo ufo appare nella stessa posizione del primo, e mentre sta scendendo ne appare un terzo.
Alle 22.14 il secondo ufo entra nella nave passando dal portellone.

Alle 22.20, mentre scompare il terzo, ne appare un quarto che entra pure lui.

Alle 22.39, quinto ufo, scende in verticale, poi si sposta a destra, torna al centro, diviene più luminoso, raggiunge il portellone, poi invece di entrare risale fino al vertice della nave.

Sono le 22.57 e continua a salire e a scendere fino alle 23.48 quando appare un ufo che questa volto sta uscendo dal portellone.

La visione cessa alle 0.32 del 12 marzo mentre l'ufo n°5 si trova nella posizione alta e l'ufo N°6 a metà del Campo Volante.

Il giorno stesso telefono a mia madre raccontandole cosa ho visto durante la notte.

Purtroppo due giorni dopo, il 14 aprile 2009, mia madre mi lascerà all'età di 88 anni.

Un'impresa impossibile

Facciamo un passo indietro, nel 2004 mi balena per la testa di tentare un'impresa impossibile, quella di riprodurre in un plastico tridimensionale, l'universo conosciuto.
Naturalmente ebbi il parere negativo di astrofili, amici, ricercatori ed altri. Tutti asserivano che no n sarei mai riuscito a trovarne la scala.
Era logico che non avrei potuto riprodurre 100 miliardi di galassie.
Pensai di raggrupparle in gruppi ed in ammassi di galassie.
Trovai il sito dell'IPAC NASA con l'archivio megagalattico ottenuto con i dati del telescopio spaziale Hubble.
Era impressionante, anche facendoli scorrere rapidamente avrei passato ore per per visionarli tutti, anche senza leggerli.
Cominciai allora a raggrupparli come sopra citato.
Lavorai alcuni mesi, alla fine trovai la scala del plastico.
Ogni centimetro del mio lavoro corrispondeva a 333 milioni di anni luce.
Cominciai a forgiare le prime sfere usando la plastilina partendo dal nostro gruppo locale che poi

dipinsi di rosso per differenziarlo dagli altri oggetti.
Unii il gruppo agli altri oggetti con acciaio da 0.6 millimetri.
E così proseguii.
Pensate che il super ammasso della Vergine e quello della Chioma, risultavano attaccati al nostro gruppo locale.
Più avanzavo nel lavoro e più scoprivo cose che non mi sarei mai aspettato. Era tutta una scoperta.
Fermai il mio lavoro per un paio di mesi dopo la morte di mia suocera, poi lo ripresi.
Fissai il lavoro su di un'asta di acciaio collegata alla base che feci girevole e che segnava le 24 ore della declinazione.
Gli oggetti andavano da un millimetro di diametro delle galassie doppie e triple, ai 3 /4 centimetri degli iper ammassi.
Colorai questi di azzurro ed i quasar di giallo, ingrandendo molto questi ultimi per poterli rendere visibili, mentre le proto galassie, le più lontane, di colore argento.
Nel 2010, terminavo il lavoro inserendo 12.000 pezzi nel plastico tridimensionale dell'universo conosciuto.
Ad oggi penso che sia l'unico al mondo che ci mostra l'universo visto dall'esterno, mentre le

mappe in nostro possesso lo mostrano dall'interno in una panoramica.

Studiandolo a lavoro finito, si possono capire tante cose, ad esempio che gli iper ammassi di galassie, si alternano con 3 ore di declinazione l'una dall'altra e che da ore 11 fino a ore 3 l'universo è privo di questi agglomerati che sono sostituiti da grandi ammassi di quasar.

Ho anche centrato con sfera nera il punto da dove a mio parere è iniziato il Big Bang, dove è nato l'universo.

Le dimensioni del plastico, risultarono 80x80 cm.

Al termine di questo mio libro, voglio pubblicare delle foto del plastico, per rendere il lettore partecipe di quanto ho cercato di spiegare.

Grazie a tutti i lettori.
In fede Mauro Roncaglia.

Dedico questo mio libro al grande amico e compagno di ricerca Giuseppe Boitani, che resterà per sempre nella mia mente e nel mio cuore.
Grazie di cuore Giuseppe.

CONTATTI:
mail: novaraufo@gmail.com
Facebook: @Mauro Roncaglia

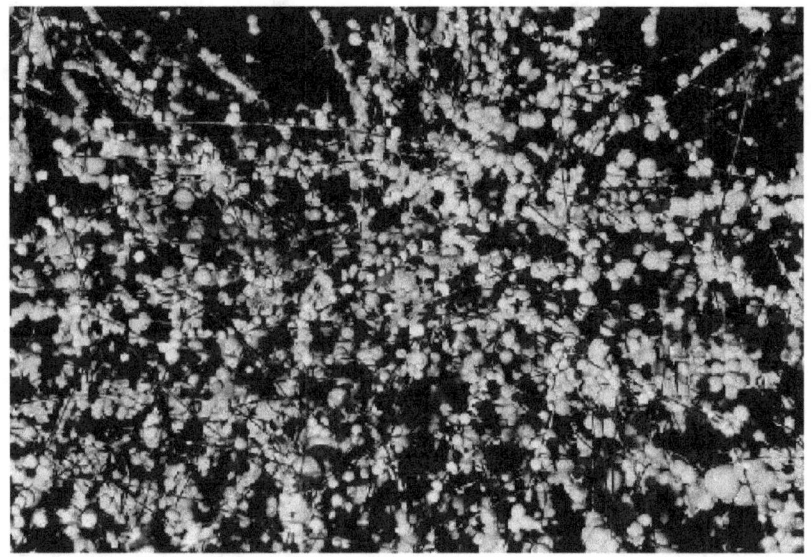
foto del plastico tridimensionale dell'universo conosciuto

Indice

Prefazione 1
L'emanazione di Dio 3
La grande battaglia fra il bene ed il male 5
Il dibattito tra Michele e Lucifero 6
Lucifero diventa Satana 9
Interviene il Figlio di Dio 10
Si preparano le schiere del bene e del male 10
Parlò allora il Padre, Dio del principio 15
Parlò poi lo Spirito Santo di Dio 16
Parla il Figlio di Dio 18
Inizia la battaglia 19
Il Protile 25
La teoria dell'inflazione 26
La dimensione attuale dell'universo 28
La fine dell'universo 29
La nascita delle prime stelle 30
Le prime galassie 32
I primi gruppi di galassie 33
I primi ammassi di galassie 33
I super ammassi di galassie 34
Gli Iper ammassi o grandi attrattori 35
I quasar 36
L'energia oscura 37
I buchi neri 40
La materia oscura non barionica 44
L'evoluzione dell'universo primordiale 45
Gli esseri di luce 47

La nascita del sistema solare 53
La nascita della Terra 55
La nascita della vita sulla Terra 58
Visitatori dallo spazio 73
Gli extraterrestri colonizzano la Terra 75
La guerra tra Atlantide e Mu 92
L'era del diluvio 97
La grande riunione della Fratellanza Universale 108
Distruzione delle armi dei Nefilim 115
La distruzione continua 116
La fuga dei Nefilim e la storia antica 116
L'atomica fa da radiofaro 134
Il 1947, inizia l'invasione 139
L'anno zero dell'ufologia moderna 142
Il caso Roswell 143
Iniziano gli incontri ravvicinati 152
Il Majestic-12 154
Il caso Mantell 157
Riprendono i combattimenti 159
Due vere invasioni 161
Il contattismo 161
George Adamski 162
Gli ufo sfidano Washington 164
Il caso Lotti 166
Un ufo a Monza 168
L'ufo che fermò una partita di calcio 169
Il caso Hopkinsville 169
L'incontro molto ravvicinato di Villas Boas 171
Il caso Muroc 173
Il patto scellerato 175
Il rapimento dei coniugi Hill 176

Anche gli astronauti vedono gli ufo 183
Ancora rapimenti 186
   Il rapimento di Travis Walton 186
   Il rapimento di Linda Cortile 190
   Il caso Zanfretta 193
Come divenni ufologo 196
Ufo crash sul Monviso 199
UFO attraversa il cielo di Novara 200
Allarme ufo sul Piemonte 202
Ufo su Novara 204
   Un ufo ci osserva 206
   Multa sventata 207
   L'ufo che scese a Casale. 208
   L'ufo inseguito da un caccia. 209
   Il contattista di Megolo 211
Un ufo a forma di pesce 214
Divento socio C.A.U. 217
Il campo volante 218
La notte in cui vedemmo l'incredibile 219
Il ritorno del Campo Volante 223
Terzo appuntamento col Campo Volante 223
Quarto appuntamento 224
Quinto avvistamento 225
Ancora lui 226
Le ultime apparizioni 228
Un'impresa impossibile 230
Indice 234

www.ingramcontent.com/pod-product-compliance
Lightning Source LLC
Chambersburg PA
CBHW052247220526
45471CB00001B/226